昆虫記者の
なるほど探訪

天野和利
Kazutoshi Amano

「昆虫愛」を持った仲間たちの
愉快なムシムシ観察記

時事通信社

目次

写真
天野和利

装幀・イラスト
出口 城（グラム）

なんじゃこりゃ!? の虫図鑑①

ゲジゲジ眉毛は
男の象徴
（オオミズアオ）

目玉に粋な縞模様
（オオハナアブ）

メロンパンナ
ちゃん
（クワコの幼虫）

正面顔は
悪役レスラー
（アサギマダラの幼虫）

トランプの
ジョーカー
（スミナガシの幼虫）

えっ、
これヘビじゃないの
（ビロードスズメの幼虫）

背中に
鬼の形相
（ウシカメムシの
幼虫）

頭は
テントウムシ
（アオバセセリの
幼虫）

その1

ハズレなし、
お手軽昆虫名所めぐり

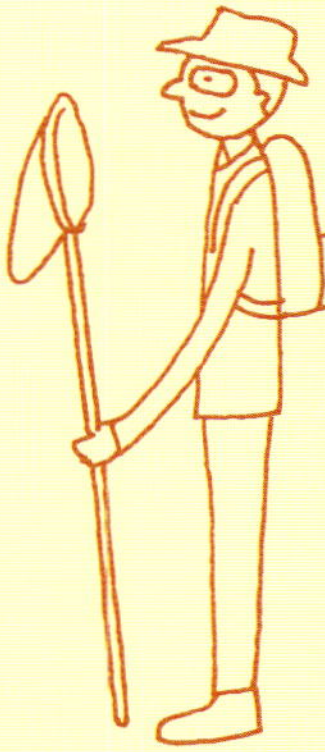

休日の家族イベントは昆虫観察、
昆虫採集がお勧め。
親子で虫の楽しさにはまり込むこと確実な
昆虫イベント＆施設を体験報告。

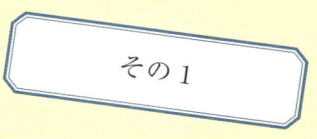

昆虫少年の隠れ家、ファーブル昆虫館

標本教室で未来の虫博士を育成

閑静な住宅街の不思議な建物

東京・上野の不忍通りから千駄木小学校に向かい、閑静な住宅街の坂を上りきると、微妙な曲線を持ち不思議な生命感のある銀色のビルが目前に現れる。

これが、昆虫好きの子どもたちの隠れ家的存在、ファーブル昆虫館（東京都文京区）だ。大谷石の塀に囲まれた周辺のお屋敷とは明らかに異なるカテゴリーの建物だが、仰々しい看板もなく落ち着いた研究室風のたたずまいは、あまり違和感を持たせない。

しかし、注意して壁面を眺めると、セミやトンボ、バッタなど、昆虫の装飾が何気なく張り付いており、この建物の主がただ者ではないことを物語っている。

左・控えめな看板。ヘラクレスオオカブトとファーブルが合体。
下・隠れ家的なファーブル昆虫館。

奥本大三郎先生。後ろにはファーブル昆虫記をはじめとする虫の本がずらり。

昆虫館の館長は、ファーブル昆虫記の翻訳で名高い奥本大三郎大阪芸大教授。長年にわたり、日本昆虫協会の会長も務めた。

2月のある日曜日。多くの虫たちは、まだ卵や蛹《さなぎ》で、冬の寒さに耐えている時期だが、昆虫少年たちは既に活発な活動を開始。初心者昆虫標本教室に参加するため、ここに集まってきた。

宝石のような蝶

館内には、青く宝石のように光るモルフォチョウや、南米産の巨大カブトムシ、世界一美しい蛾とも言われるニシキオオツバメガなど、標本が所狭しと並んでいる。

オーストラリア産の虹色に輝くクワガタ、越冬中のバッタなど、生きた昆虫たちの姿もある。子どもたちは、上へ下へと駆け回り、写真を撮りまくる。ボランティアのおじさんたちがいろいろと説明してくれるが、聞いているのか、いないのか。

いよいよ、標本作りの時間だ。子どもの様子を後ろの席で見守る保護者の中には、子どもをだしに使ってイベントに参加したことが見え見えの興味津々の父親もいれば、わが子の奇妙な趣味につき合わされてうんざり、といった母親も。

その時何と、かの高名な奥本先生自身が登場。小学生たちを相手に自ら解説を始めた。講義や講演で全国を飛び回っており、ここでもめったにお会いできない

体重世界一の甲虫ゴライアスオオツノハナムグリ。体長10センチ、体重は100グラムもある。

宝石のような輝きのモルフォチョウ。

という奥本先生。超ラッキーな出来事のはずだが、子どもたちは、標本作りに期待を膨らませ、先生の話が終わるのを待ち切れない様子。大人になってから、奥本先生の話を上の空で聞いたことを、きっと後悔するに違いない。

奥本先生は、子どもたちに受けそうなスカラベ（通称フンコロガシ）の話や、保護者に受けそうな温暖化の影響の話を、さらっと聞かせて、早々に標本担当の職員らにバトンタッチ。奥本先生が姿を消し、標本にするクワガタが現れると「ワー」と歓声が上がる。私の息子を含め、なんと失礼な子どもたちだろうか。

ピンセットで格闘

標本用に配られたのは、沖縄に生息するリュウキュウアサギマダラ、スジグロカバマダラという美しい蝶と、東南アジアに生息するクワガタ。正月ごろに採集し、冷蔵庫で大切に保存してあったという。

蝶は展翅板《てんしばん》、クワガタは展足板《てんそくばん》の上で、ピンセットや針を使って慎重に形を整える。特に蝶の羽は、薄く繊細なため、広げるのが難しい。お母さんたちも、わが子の苦戦を見るに見かねて救援に乗り出す。

最初は子どもたちだけで標本作りに挑戦。

いよいよボランティアのおじさんたちの出番。

館の運営団体、NPO日本アンリ・ファーブル会が掲げる「虫の多様さ、不思議さを知る。子どもだけではなく家族にも自然についての感覚を取り戻してもらう」との目標が、達成されかけた一瞬だ。

しかし、親の熱意も長くは続かない。「そんなやり方じゃだめよ」。お母さんのいら立つ声が響き始めると、いよいよ職員、ボランティアのおじさんたちの出番だ。そして最後には、立派な作品が完成する。

完成した蝶の標本とクワガタの標本。

塗り替えられる歴史

虫を研究するなら、自然の中の姿を見たり写真に撮ったりするだけで十分で、標本にする必要はないとの意見も一部にはある。しかし、標本には標本ならではの大切な意味がある。図鑑の蝶の写真を顕微鏡で拡大しても、鱗粉《りんぷん》の構造は見えない。観察眼を養う上で、標本は大きな役割を果たす。

　また、地中海からキャベツとともに分布が広がったと言われているモンシロチョウは、江戸時代に日本にやってきたとの説があるが、正確な渡来の時期は分からない。もし戦国時代や江戸時代の子どもたちの中に標本マニアがいて、その作品が何百年も後の今日発見されたら、モンシロチョウの歴史は大きく塗り替えられるかもしれない。事ほどさように、標本とは大切なものなのである。

　などと偉そうに説明したことのほとんどは、標本教室の最初に奥本先生が話したことの焼き直しである。受け売りのついでに、教室終了後にうかがった話も紹介したい。

環境保全も虫の視点で

自然保護を訴える人の中には、虫を標本にするのはかわいそうと言う者もいる。しかし奥本先生によれば「標本を作っていた子どもたちは、小さな虫を平気で踏みにじるような大人にはならない。自然に関心のな

ご近所の虫たち
小石川植物園、東京大学など

ハンノキハムシ。ハンノキの常連。

春先に現れるツマキチョウ。

ヒラタハナムグリは花の中に。

赤い胴体が特徴のジャコウアゲハ。

東大のアカスジキンカメムシ。

ヒメホシカメムシ。

クコの葉にはトホシクビボソハムシ。

コアオハナムグリ。

交尾中のナガメ。

い人の方が、残酷になる気がする」とのこと。

また、昆虫採集はよくないとの一部の意見に配慮して、テレビ番組で捕虫網を持った子どもの姿が見られなくなった時期もあったが、子どもの虫捕りが自然に与える影響はごくわずか。それよりも、虫捕りのできる場所、虫の住める場所をなくすこと、壊すことの方が、はるかに大きな被害を虫たちにもたらすという。

先生が特に気にしているのは、都会のオアシスであるべき公園や学校の緑、街路樹の緑。「プラタナス、ハナミズキ、ヒマラヤスギなど、害虫が付きにくく管理が容易な外来植物ばかりが目立つようになり、日本の昆虫の食樹、食草が減っている」というのだ。だからこそ、昆虫のような小さな生き物の視点での緑の管理、昆虫の専門知識を生かした環境保全が、ファーブル会の重要な活動にもなっている。

ファーブルの名が消える？

虫のいない公園には、虫捕りの少年もいない。小学校の先生にも、昆虫への興味、知識のない人が多くなり、子どもたちも虫への関心を失っていく。

「昆虫研究の後継者がいなくなることが心配。私たちが将来〝変なことをやっている年寄り〟としか思われなくなったら悲しいことだ。資金的に厳しいが、私の目の黒いうちは館の活動を続けていきたい」という奥本先生の言葉は切実だ。

　昆虫記10巻を著した博物学者ジャン・アンリ・ファーブルの名は、母国フランスではあまり知られていないが、日本人にとっては常識の一つ。それは、日本人が、昆虫と深く特別なつき合いをしてきたことの証しでもある。

　ファーブル館が、そしてファーブルの名が日本から消える日が来るとしたら、それは奥本先生にとっても、私にとっても、そしてすべての日本人にとっても、本当に悲しいことだと思う。

「ファーブル検定」にもチャレンジしてみよう！

おすすめ昆虫名所

ファーブル昆虫館　「虫の詩人の館」

　2006年3月開館。NPO日本アンリ・ファーブル会理事長を務める奥本先生が、自宅を建て替え開いた。建物は地上4階・地下1階建てだが、毎週末に一般公開しているのは地下1階と1階。1階ではファーブルや昆虫、自然に関する展示の他、生きた昆虫も見ることができる。地下1階は、ファーブルが育った南フランス、サン・レオン村の家を忠実に再現した展示室となっている。

　通常は非公開の3階集会室を使って開催される「標本教室」の他、採集会や勉強会などのイベントも実施している。

開館日：土曜・日曜
開館時間：午後1時〜午後5時
入館料：無料
管理運営：NPO日本アンリ・ファーブル会
所在地：東京都文京区千駄木5-46-6
電話：03-5815-6464
FAX：03-5815-8968
http://www.fabre.jp

昆虫館地下1階に再現されたファーブルの生家。

ホタルを育てるビール工場

幼虫は怪物、成虫は妖精

ビアガーデンならぬビオガーデン

神奈川県南足柄市の豊かな自然に囲まれたアサヒビール神奈川工場。ジョッキ3杯まで、出来たてのビールが無料で飲めるとあって、工場見学はいつもビール好きの大人たちで大にぎわいだ。

しかし、そんな中に、若いお母さんと小学生ばかりの場違いな感じの集団が。梅やモクレンが咲き始めた3月上旬、ここで毎年行われるゲンジボタルの幼虫放流会の参加者だ。

工場の広大な敷地内に設けられた、アサヒ・ビオガーデン。これは、ビオトープ（生物群生息空間）的庭園を意味する呼び名であり、ビアガーデンと勘違いして、庭園をさまよい歩いても、ビールにはありつけない。

庭園の小川には、ビールづくりに利用されるのと同じ、丹沢山系の名水が流れている。流れの中には、きれいな水を好む巻貝「カワニナ」が生息しており、ゲンジボタルの幼虫はこの貝を食べて育つ。タマムシやトノサマバッタ、蝶、セミ、トンボなどさまざまな種類の昆虫たちも、ここで暮らしているという。

カワニナの殻に頭を突っ込み食事中の幼虫。

幼虫は小さな怪物

2日に分けて行われた放流会には、神奈川県在住の親子延べ240人が参加した。まずは、ガイド役のお姉さんと一緒にビデオを見ながらのホタルのお勉強。次は、お姉さんに引き連れられての工場見学。放流会の後には、子どもにつき合ってお疲れ気味の親を慰労するため、ビールの試飲が待っている。もちろん、子どもたちにはビールではなく、清涼飲料とお菓子が用意されている。

放流会で子どもたちに幼虫を配るのは、神奈川工場総務部の竹内正明主任。ホタル・プロジェクトを任された当時は全くの素人だったが、今では工場ナンバーワンのホタル博士だ。

初めて見る不気味な姿。

紙コップの中には、体長2センチほどの幼虫が3匹ずつ。ほとんどの子どもが、生きた幼虫を目の前で見るのは初めてだ。その姿はまさに怪物。「スッゲー」と興奮する男の子もいれば、「気持ち悪い」「怖い」と不安げな女の子も。

「なぜホタルは光るの」「何を食べるの」「雄と雌の違いは」。竹内さんは、子どもたちが連発する難問奇問に、一つ一つ笑顔で丁寧に答えていく。

いよいよ放流

小雨が降る中、子どもたちは十数人のグループに分かれて、幼虫を小川に放す。川底に付けたコップをそっと傾けると、ごそごそとはい出していく幼虫たち。すぐに小石にしがみ付き、裏側にもぐり込もうとする。その様子をじっと観察する子どもたち。

数カ月後に夜空を飛び交うホタルと再会する時には、ホタルに対する子どもたちの思いがこれまでとは全く違っていることだろう。初夏にここで開かれる成

幼虫も一杯いかがですか。

ずらりと並んで放流開始。

虫観賞会では、あの見るもおぞましい姿の怪物が、見事に妖精に変身。夕闇の中で小さな光を点滅させ、嘆息を誘うのだ。

廃棄物の再資源化、地球温暖化対策など環境への取り組みを重視する同社工場の中でも、神奈川工場のこだわりは特筆される。始まりは、工場建設前の環境調査で、ゲンジボタル数匹の生息が確認されたこと。その当時、周辺では既に「最近ホタルを見なくなった」との声が聞かれていた。

工場を建設するのと同時に、たくさんのホタルが飛び交っていたかつての足柄の自然を呼び戻したい。こんな、無理難題への取り組みが実を結んだのが、このビオガーデンだ。

大失敗も経験

竹内さんによれば、最初は失敗もあった。伊豆からホタルの幼虫を導入しようとしたが、同じ種類のホタルでも、産地が違うと遺伝子が異なり、生態系を乱す恐れがあることが分かり、この幼虫はすべて伊豆に戻したという。

翌２００３年の夏、隣接する開成町のホタル研究会から、足柄産のホタルの幼虫６０００匹を譲り受けて飼育。この幼虫が、現在ビオガーデンの主役となっているホタルたちの先祖だ。

１匹の雌が産む卵は５００～１０００個だが、そのうち成虫になれるのは自然界ではごくわずか。毎年１万個以上の卵を飼育室でふ化させるが、放流までこぎつけるのは３０００匹程度という。

　ホタル飼育の絶対条件は、きれいな水。南足柄市から水道水のもとになる丹沢の天然水を分けてもらい、大切に循環させて小川や飼育施設に流しており、月1回の水質検査は欠かせない。毎日のように幼虫の状態をチェックし、成長段階に応じて適切な大きさのカワニナを与える。

　竹内さんにホタルを育てる苦労を尋ねると、「苦労なんてない。楽しいですね」との答え。幼虫を大喜びで放流し、飛び交う成虫を歓声を上げて追いかける子どもたちの姿が、苦労を忘れさせるのだろう。子どもたちにホタルの説明をする時の笑顔から、それが分かる。

飼育室内の竹内さん。

光る幼虫が上陸

　放流会の後、竹内さんは夜になると、一人で小川の様子を見に行く。放流したその日に、もう陸に上がってくる幼虫の姿が見られることもある。幼虫も光る。だから、上陸する様子がよく分かるという。

　幼虫は、雨の日の夜に上陸し、川辺の土を掘って部屋を作り、その中で蛹《さなぎ》になる。たくさんの幼虫が一斉に陸に上がってきたら、その日から約50日後が、ホタルにとっての晴れ舞台、夜空のショータイムだ。

初夏の観賞会はこんな様子とのこと。

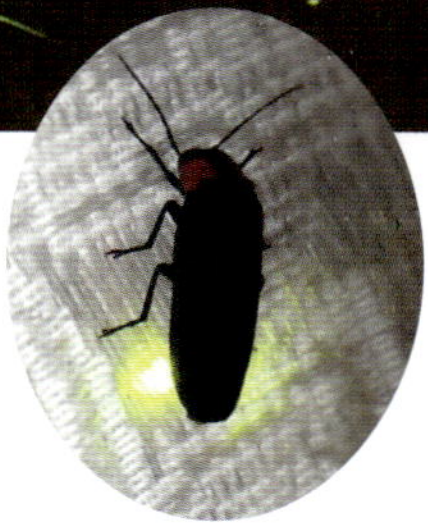
暗闇で光を放つゲンジボタル。

水しか飲まずに飛び回り光り続けるホタルの成虫。その寿命は、せいぜい1、2週間だ。これにぴたりと合わせて、観賞会の日取りを決めるためにも、観賞会で子どもたちの大きな歓声を聞くためにも、毎日の観察が欠かせない。

1、2年前からは、工場周辺の、ビオガーデン以外の水辺でも「久しぶりにホタルを見た」といった話が聞かれるようになったという。それは、ホタルがこの町の自然の中に戻ってきたということだ。

飼育室で手塩にかけて育てたホタルの子孫が、厳しい自然の中でたくましく生き延び、この町にいつまでも小さな光をともし続ける。それは、竹内さんの願いであり、放流会に参加した多くの子どもたちの願いでもあるだろう。

ゲンジボタルの成虫。腹部の先の白い部分が光る。

おすすめ昆虫名所

アサヒビール神奈川工場「アサヒ・ビオガーデン」

アサヒビール神奈川工場では、毎年3月に、工場で育てた「ホタルの幼虫放流会」を開催している。小学生と満20歳以上の2～4人のグループで参加を申し込む。応募多数の場合は抽選となる。5月～6月には「ホタルの観賞会」も開催される。その他にも「雑木林の甲虫観察」や「ビオトープでトンボの世界をのぞいてみよう」など、さまざまな昆虫観察のイベントを行っている。

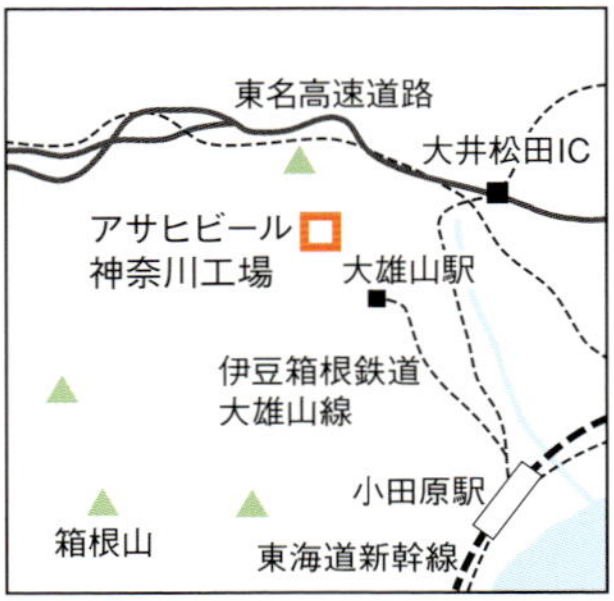

問い合わせ：アサヒビール神奈川工場　ご案内係
休業日：年末年始・指定休日
所在地：神奈川県南足柄市怒田1223
電話：0465-72-6270（午前9時～午後5時／休業日を除く）
FAX：0465-72-6271
http://www.asahibeer.co.jp/brewery/kanagawa/event

自然と調和した工場。

関東のギフチョウを追って

守り続けたい貴重な生息地

春の女神は「青」がお気に入り

神奈川県相模原市の旧藤野町地区は、関東地方に残された数少ないギフチョウの自然発生地だ。日本各地で天然記念物に指定されている「春の女神」ギフチョウが、かなりの確率で見られる場所と言えば、関東ではここがほとんど唯一の地と言っていいだろう。

ギフチョウは神奈川県指定天然記念物。

超望遠レンズ付きの一眼レフカメラを抱え、青っぽい服を着た集団が、里山の陽だまりで尾根をにらみつけ、何かがやってくるのをひたすら待ち続けている——。桜満開の季節、旧藤野町地区でこんな異様な光景を目にしたら、それはまず確実に、ギフチョウを待つマニアたちだ。

スミレ、カタクリなど、青系統の色が好みとされるギフチョウに嫌われまいと、服の色にまでこだわる涙ぐましい努力。かく言う昆虫記者も、4月上旬の某日、

スミレにもギフチョウ。

紺のコートに青いリュックを背負い、息子にまで青いジャンパーを着せて、旧藤野町地区にある石砂山《いしざれやま》に向かった。

マジックナンバーは15

午前10時ごろに、石砂山のふもとのポイントに到着。天気予報では、朝からギフチョウ日和の晴天のはずが、なぜかどんよりとした曇り空。女神は色ばかりでなく、日差しや、気温にもうるさい。

晴れて、気温が15度を上回らなければ、木々の間から飛び出してはこない。寒さに震えるマニア集団をあざ笑うかのように、時間は過ぎていく。午前11時半。寒い。空には一面の雲。目の前のサクラやミツバツツジの花には、ハチ一匹飛んで来ない。「気象庁を信じたおれがばかだった」「明日また来るよ」。何人かが戦線を離脱した。

山から蝶が来るのを待つ人々。

周囲の意見に流されがちな私たち親子も、ついに荷物をまとめて撤収。時間もあるので相模湖で花見でもしようと、付近の店で弁当などを買っていると、突然雲の切れ間から日の光が。みるみる青空が広がり始め、気温はぐんぐん上昇、この機を逃しては大変だ。慌てて先ほどのポイントに戻ってみると、撤退したはずの人々もいつの間にか復帰し、三脚を立てて臨戦態勢。その時、「来た、来た、来ましたよ。ギフです、ギフチョウです」。この日の第一発見者となった私は、空の一点を指差し、震える声で叫んでいた。

「追いかけずに待つ」が鉄則

「どこだ、どこだ」。一斉に動き出す男たち。谷間から姿を現した蝶は、ひらひらと花から花へ。地面に降りてしばし日光浴をしたかと思うとまた花へ。アイドルの追っかけさながらに、その後を追う男たち。

「ギフは追いかけてはだめ。必ず同じところに戻って来るから、カメラを構えて待てばいい」。朝方に、そう教えてくれたのは、昆虫愛好会「グループ多摩虫」の人だったか、それとも日本チョウ類保全協会の人だったか。しかし、興奮すると大人も理性を失う。

その後、このポイントだけで4、5匹、少し上った畑の周辺でも10匹ほどのギフチョウが姿を見せ、ミヤマセセリ、テングチョウ、ルリシジミなど、脇役の蝶も次々に登場。「テングだ」「スギタニ（ルリシジミ）だ」といった叫びを制するように「ギフだけに集中するように」と、リーダー格のおじさんの声が谷間にこだまする。

成虫で越冬していたテングチョウ。

春に羽化したばかりのミヤマセセリ。

この日のベストショット。

密猟者は懲役？

小学生のわが息子もようやく会心のショットをものにし、しばし、青いレジャーシートの上で休憩。するとシートの青色に誘われて、息子のすぐ脇、手の届くところにギフチョウがとまったではないか。

息子は思わず、捕まえようと手を伸ばす。しかし、危機一髪、蝶はするりと手の下をくぐり抜けて飛び去った。これは、わが子が生まれて初めて、かなりの重罪を犯しそうになった瞬間だった。

近くの張り紙によれば、石砂山で「ギフチョウを捕獲、または殺傷した者には、県の条例により、6カ月以下の懲役または30万円以下の罰金が科される」ことになっているのだ。こうした厳しい規制と、地元住民らの熱心な保護活動が、この地のギフチョウの命をつないでいる。息子の魔の手を逃れたあのギフチョウの子孫は、卵から幼

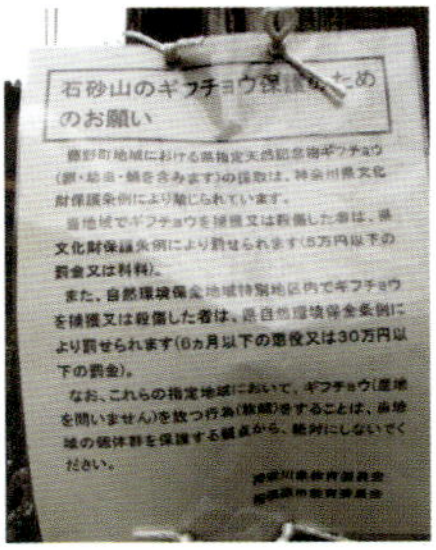

ギフチョウを捕獲すれば懲役刑も。

虫となり、6月から長い蛹《さなぎ》の期間を経て、翌春にまた可憐な姿を見せてくれることだろう。

悲しい現実

しかし、この日も幾つか悲しい話を聞いた。ギフチョウの幼虫はカンアオイという草を食べるが、石砂山に多く自生するこの草が、最近何者かによって大量に引き抜かれたという。写真撮影の後で、尾根道を歩いてみると、確かに、かつてカンアオイが生えていたであろう場所の多くに、無残な掘り跡があった。

また、ギフチョウの写真撮影に来た人が林道の入り口に車を止め、山の作業の妨げとなったこともあるという。

自然と人間が上手に共存してきた里山の環境を好むギフチョウは、自然と人間の関係が崩れると、あっという間に姿を消すという。東京周辺の生息地が、次々に消滅していったことを考えると、この地のギフチョウが、はるか昔から今日に至るまで命の輪をつなぎ続けてきたことは、奇跡に近いことだとさえ思えてくる。

おすすめ昆虫名所

相模原市旧藤野町地区の「ギフチョウとその生息地」石砂山

ギフチョウはアゲハチョウ科に属し、本州のみに生息する蝶。

かつて神奈川県では、表丹沢と東丹沢の山麓から津久井郡にかけて、ギフチョウが広く分布していた。しかし、これらの生息地の多くは1960年以降、相次いで消滅し、現在では旧藤野町地区（現在は合併し相模原市緑区）の一部で少数の自然発生が確認されるだけとなっている。1982年12月28日には「ギフチョウとその生息地」として神奈川県指定天然記念物に指定。ギフチョウの盛衰はカンアオイの盛衰に大きく左右されることから、その生息環境の保護活動が行われている。

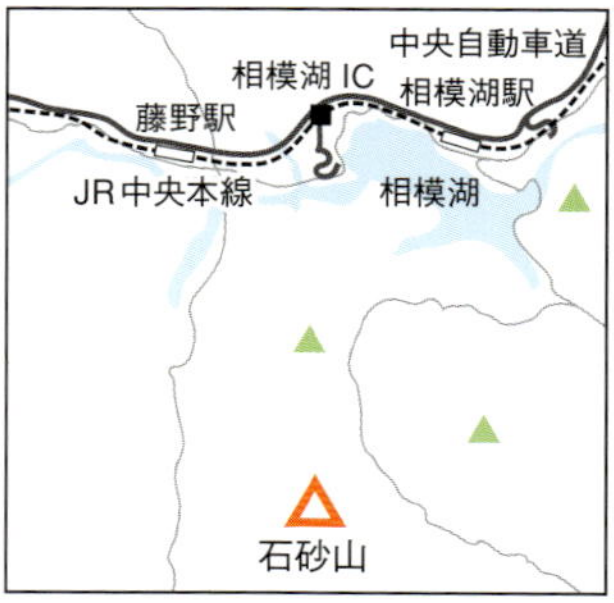

石砂山（標高578メートル）
神奈川県相模原市緑区牧野

小さなオオイヌノフグリの花にもギフチョウはやってくる。

国蝶オオムラサキに魅せられて

特別な蝶への特別な思い

羽化に立ち会うなら北杜へ

　カブトムシを捕りに入った森で、クヌギの樹液を吸いに来た大きな蝶。突然広げられたその羽の青紫の輝き。初めてオオムラサキを見た瞬間の映像が脳裏に焼き付き、虫の世界にのめり込んだ――。こうした話は、虫好きの著名人の思い出話によく登場する。私が少年時代に高尾山（東京都八王子市）で見た光景も、まさにこれだった。

　カブトやクワガタに劣らない堂々たる体格。羽

樹液にやってきたオオムラサキ（埼玉県・嵐山町にて）。

羽化して数時間後、羽が伸びきったオオムラサキ。羽化直後の羽は特に美しい。

音が聞こえるかのような力強い羽ばたき。オオムラサキは、日本の国蝶にふさわしい特別な蝶なのである。

そんなオオムラサキが木の葉そっくりの蛹《さなぎ》から、美しい蝶へと変身する決定的瞬間を目撃したい。それは、多くの昆虫少年の夢である。しかし、自宅で観察していても、朝起きると既に羽化していたり、ちょっとトイレに行った隙に羽化したりして、歯ぎしりして悔しがることになる。蛹が割れて頭が見えたら、全身が外に出るまでの時間はほんの数秒。神秘的な羽化の瞬間を目にするのは、容易ではない。

そんな貴重な一瞬を、当たり前のように見せてくれるのが、山梨県北杜市のオオムラサキセンターだ。センター内のオオムラサキ飼育施設「ひばりうむ長坂」は、森の一部を金網で仕切ったかのような構造。6月下旬から7月末まで、センターの職員は、施設内の何百という蛹の中から、その日に羽化しそうな蛹を選び出し、入場者が見やすいよう、幼虫の食樹であるエノキの低い枝に移動させている。

蛹の部屋で、羽化しそうな蛹を探す長谷川さん。

蝶への変身は一瞬の出来事

２０１０年は春先の気温が低かったため、オオムラサキの幼虫の生育が遅れた。平年より1週間ぐらい遅いという。センターで羽化第1号を確認したのは6月22日だった。そうとも知らず6月下旬に家族3人で北杜市を訪れた昆虫記者。例年なら既に施設内を縦横無尽に飛び交っているはずの蝶の姿は、全く見られない。父の調査不足をなじる息子。「何しにここまで来たの」という冷たい目で夫を見る妻。それでも何とか、2匹の羽化に立ち会えたのは、学芸員の長谷川誠さんのおかげだ。

黄緑色だった蛹が黒っぽくなり、羽の模様が透けて見えるようになったら、羽化はかなり近い。その蛹

「羽化」の声で撮影に集まった入館者ら。

が、頭の方から再び白っぽく変わってきたら、秒読み段階。センターに勤めて6年目となる長谷川さんは、蛹の頭に小さな亀裂が入るのを見逃さない。「羽化が始まりましたよー」。長谷川さんの一声を聞いて、ワッと集まり、カメラを構える人々。

まず、亀裂から背中が現れる。ゆっくりと、背中が盛り上がり、頭部が見え、触角が出たら、その後は一気だ。4本の足（タテハチョウの仲間の足は、前の2本が小さく退化しているので4本だけに見える）で蛹の外郭をつかむと、一瞬で全身が外に出てくる。そして、すぐに体を反転させ、下にあった頭が上になる。羽化したばかりの胴体は異様に太い。その太い体から、体液を翅脈《しみゃく》（羽の筋）に流すことで、羽を伸ばしていく。羽が広がるにつれて、胴体は小さくなる。

数％の生存率、天敵との戦い

昆虫の完全変態の仕組みは、生まれてから基本構造がほとんど変わらない哺乳類の人間には、想像もつか

羽化の瞬間。蛹の亀裂から頭と触角が出たら、あとは一気だ。

ない。その中でも蝶の羽化は、最も劇的で、生の喜びが凝縮されている。だから、一度見た人は、その光景を一生忘れることができない。

しかし、卵が成虫になれる確率は数%。センター内ですら安全地帯とは言えない。金網で覆われている以外は、自然と同じ状態の施設なので、幼虫を狙う寄生バエやハチの侵入は防げない。孵《ふ》化《か》したばかりの段階で、アリの餌となってしまうことも多く、最近になってアリがエノキに上らないよう対策を講じたという。

オオムラサキは幼虫で越冬する。落ち葉の中でじっと冬の寒さを耐え忍んだ幼虫は、春になると目を覚まし、猛烈な勢いでエノキの葉を食べる。その食欲の前に、施設内のエノキがほとんど丸坊主になり、樹勢が衰えてしまうという問題もある。

オオムラサキの産卵シーン（東京・荒川自然公園にて）。

オオムラサキの卵（東京・荒川自然公園にて）。

背の高い大きなエノキを植えれば餌には困らないが、それでは、目の前で幼虫を観察したい入場者にとって都合が悪い。長谷川さんらの悩みは尽きない。

最盛期には700~800匹が乱舞

そして、今の一番の心配事はシジュウカラだ。施設の中に、どこから侵入したのか、野鳥のシジュウカラが一羽隠れている。ある統計によれば、一羽のシジュウカラが1年間に食べる虫の数は8万匹。害虫を一掃するシジュウカラは、園芸家にとってはヒーローだが、オオムラサキにとっては悪魔だ。

佐渡トキ保護センターで、ケージに侵入したテンに襲われ、トキ9羽が死んだというこの年の大ニュースは、長谷川さんに最悪の事態を連想させたという。センターに侵入したシジュウカラが、片っ端からオオムラサキを食い尽くしていく。これは長谷川さんにとっては、ホラー映画そのものである。

これほど苦労をして育てたオオムラサキが、羽化というクライマックスを迎える瞬間をできるだけ多くの人に見てもらいたい。施設内に響き渡る長谷川さんの「羽化しますよ！」という大声の中には、そんな思いが込められている。

7月の最盛期には、700～800匹のオオムラサキが施設内を飛び交う。ここ北杜市は、日本有数のオオムラサキの生息地でもあり、センターを囲む公園、観察歩道でも、自然発生したオオムラサキが数多く見られる。次回は八ヶ岳をバックに、野外で樹液に群がるオオムラサキをカメラに収めたい。昆虫記者の夢は広がるが、妻の心は既に次の目的地であるアウトレットモールへと飛んでいる。

私は2匹目の羽化を見届けるや否や、妻にせき立てられて車に乗り込み、後ろ髪を引かれる思いでセンターを後にした。

おすすめ昆虫名所

オオムラサキセンター

オオムラサキセンターは、本館・森林科学館・生態観察施設「ひばりうむ長坂」の三つの施設から成り、施設の周囲に約6ヘクタールのオオムラサキ自然公園が広がっている。館内では1年を通じてオオムラサキの生態を観察することができるとともに、観察会や工作教室などのさまざまな体験イベントを行っている。

利用料金：一般400円、小中学生200円
開館時間：午前9時～午後5時（最終入館は午後4時30分まで）※ただし夏季、冬季は開館時間が異なるので確認のこと。
休業日：夏季無休、月曜日（祝日の場合はその翌日）、祝日の翌日、年末年始
所在地：山梨県北杜市長坂町富岡2812
電話：0551-32-6648
FAX：0551-20-4380
http://oomurasaki.net

オオムラサキの扉をくぐってセンター内へ。

夏休み、カブトの季節だ！

樹液レストランは今日も満員御礼

カブトの木はどこに

　小学生ぐらいの男の子を連れた、お母さん同士の会話が耳に入った。「すごい木なのよ。下から上まで、何十匹も、カブトとか、クワガタとかいろいろな虫が張り付いていて。あんなの初めて見た」。「うっそー。どこなの、その木」。

　その木を見たというお母さんは、明らかに興奮していた。そして、この会話を耳にした昆虫記者も、相当に興奮していた。ここは、群馬県桐生市の県立「ぐんま昆虫の森」。雑木林、小川、田んぼなど、昆虫が住みやすい里山の自然を約45ヘクタールの敷地内に配した、「虫」が主役の施設だ。夏休みシーズンには、カブト目的の親子がドッと押し寄せる。

「あの母子が目にしたという、樹液に群がるカブトを見たい」。そんな、はやる気持ちを抑えつつ、まず

生態温室。昼間はいい天気だったのに。

森にいたゴマダラカミキリ。

は中心施設である昆虫観察館内を一巡。これは、取材を受け入れてくれたスタッフへの礼儀である。

「昆虫の森」の最大の呼び物はカブトの木ではなく、館内の巨大昆虫ドーム「生態温室」だ。コノハチョウ、オオゴマダラなど南国の蝶が飛び交うだけではない。草木の上には、これらの蝶の幼虫、蛹《さなぎ》も普通に見られる。

よく目を凝らせば、バッタやコオロギ、ナナフシなどの姿も。「うわー、ちょうちょがいっぱい」とはしゃぐ一般人と、「おや、こんなところにイシガケチョウの幼虫が」と一眼レフカメラを構える玄人を、ともに満足させようという欲張りな戦略だ。

観察館の通路沿いの飼育ケースでは、外国産カブト、クワガタが樹皮から染み出る蜜をむさぼっており、ここにも、自然界に近い姿を見せたいという工夫がうかがえる。

ミヤマクワガタ。

ヘラクレスオオカブト。

ハナカマキリ。ランなどの花に擬態して獲物を捕らえるという。

ギラファノコギリクワガタ。

夜の森は「たまげる」光景

車のバッテリー上がりで東京出発が昼過ぎだったこともあり、館内を一巡したら、もう閉園時間の午後5時が近い。昆虫の森は午後5時にいったん閉園となるが、真夏の土曜日のみ、7時から「夜の森探検」というお楽しみイベントが用意されている。

閉園直後、誰もいなくなった森の中を奥野幸二副園長に案内してもらった。名目は「夜の森探検の下見」だが、昆虫記者の特権を乱用して「カブトの森を独り占め」という下心は見え見えだ。

クヌギ林に近づくと、オオムラサキが何匹も樹上を舞っている。発酵した樹液の匂いが周囲に漂う。「これは期待できる」。小道に分け入ると、「いるいる」。頭上の枝にも、足元の太い幹にもカブトムシの姿。そして、一本のクヌギの前に来た。この木こそ、あのお母さんが話していた木だろうか。下から上まで、あっちにも、こっちにも、カブトムシ、カナブン、クワガタ、オオムラサキなどが張り付いている。まさに樹液のレストランだ。

しかし、夜はこんなものではないらしい。イベントの紹介写真では1カ所に20匹前後のカブトが集まっており、これを眼前にしたら、息をのむに違いない。

副園長によれば、入園者の反応は、まさに「たまげる」という言葉がぴったりだという。このカブトは、森の中で自然発生したもの。人工的な環境で養殖されたデパートのカブトとは、素性が全く違う。

森の中には、白い布に光を当てて虫を集める「ライトトラップ」や、果物などの餌で虫を呼び寄せる「フルーツトラップ」も仕掛けてある。

以前は夜の森のイベント参加は申し込み制で、1回100人の定員があっという間に埋まった。2009年からは、来る者拒まずの態勢となり、多い時は1回500人程度が参加するという。

猛暑の夏、昼間の昆虫観察はつらい。しかし、暑さが収まった後の夜の森は、昆虫にも人間にも快適なはずだ。

天気は大荒れに

いったん園を出て腹ごしらえの後、待ちに待った午後7時。しかし、空には不穏な景色が広がり始めていた。

入道雲がむくむくと膨れ上がり、空を覆い始める。遠くで稲妻が光り、ごろごろと雷の音。門が開いて、何人かが園内に入り始めたところで、坂道を駆け下りてきた副園長が「中止です。雷で危険なので中止にします」。

私はすかさず副園長に頼み込み、一番近くのポイントで、特別に1枚だけ写真を撮らせてもらった。夕方の薄明かりが残る中、既に激しい樹液の奪い合いが始

これからが本番なのに。たった一枚の夜の写真。

まっていた。ブンブンと羽音を立てて、次々と飛んで来るカブト。「ああ、これからが本番なのに」。

こうして、夜の森探検は、雷によって阻まれ、誰もが「たまげる」という光景は、次の機会に持ち越しとなった。そして、「早く帰ろう」とせかす妻の様子から、次の機会は永遠に来ないことを私は悟った。

その後の天気は大荒れ。間断なく稲妻が光り、滝のような豪雨に雹《ひょう》も交じって、車の屋根をバリバリとたたく。道路は泥水の川となって、何台もの車が立ち往生。コンビニの駐車場に一時避難すると、落雷で店の電気が消えた。

「こんな日に夜の森に入っていたら、とんでもないことになっていた」と、こちらをにらむ妻。しかし私は、街灯も信号機の光さえも消えた暗闇の中で全く違うことを考えていた。「森のカブトは今ごろどこに避難しているのだろう」。

都会の森にも、しぶとく生息

深夜近くにようやくたどり着いた上里のサービスエリアでは、カブトムシが1ペア735円で売られていた。

「カブトムシはお店で買うものと思っている子ども

皇居周辺にもいるカブト。

新宿御苑のノコギリクワガタ（大歯型）。

皇居周辺でカブトをこわごわ眺める子ども。

たちに、自然の中の本当の姿を見せたい。これだけ多くのカブトムシを、自然の中で容易に見ることができる『オンリーワン』の施設だと思います」。奥野副園長の誇らしげな表情を思い出した。

　東京都心でカブトやクワガタが見られる場所は、デパートやホームセンターの虫かごの中だけと思い込んでいる人も多いだろう。しかし、都心には皇居周辺の公園、新宿御苑、明治神宮など大きな森が多く、とんでもない大物も潜んでいる。

　こうした公園や神社では昆虫採集は禁止だが、柵の中に入らないなどマナーをわきまえる限り、参拝や散策の途中で見つけた虫を観察するのはOKだ。大嵐の数日後、久々に都心の森を歩いてみると、そこには懐かしい虫たちの姿が。カブトやノコギリクワガタは、子どもの頃見たのと同様のポイントで今も健在だった。

　人類の歴史は、猿人の時代を含めても1千万年に満たないが、昆虫の中には、何億年も前とほとんど同じ姿で、今も生き続けているものもいる。昆虫は、人間なんぞよりもはるかにしぶとい生き物なのだ。

おすすめ昆虫名所

ぐんま昆虫の森

　およそ45ヘクタールの土地に、雑木林を中心に田んぼや畑、小川など里山の環境を復元。多種にわたる昆虫が生息している。自然の中で自由に昆虫を捕まえ、観察したらまた自然に戻す。今までにない体験型施設となっている。昆虫観察館や生態温室、かやぶき民家などがあり、昆虫観察や自然観察、里山生活体験など年間を通じてさまざまな体験プログラムが組まれている。

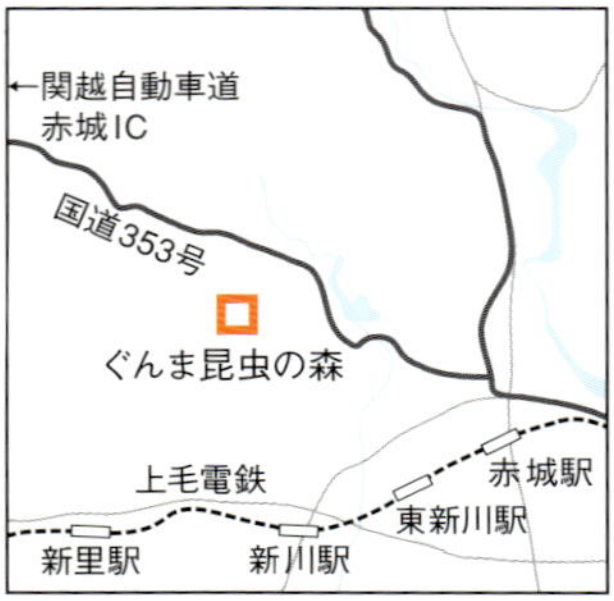

利用料金：一般400円、大学・高校生200円、中学生以下無料
営業時間：午前9時30分～午後5時（最終入園は午後4時30分まで）※11月～3月は午後4時30分閉園（最終入園は午後4時まで）
休業日：月曜日（祝日の場合はその翌日）、年末年始
所在地：桐生市新里町鶴ヶ谷460-1
電話：0277-74-6411
FAX：0277-74-6466
http://www.giw.pref.gunma.jp

昆虫の森の春の風景。

矢島園長は子ども向けイベントにも顔を出す。

セミと過ごす幻想的な夜

高層ビルの谷間で繰り広げられる命のドラマ

ライト片手の親子が新宿に集合

地道な聞き込み捜査で犯人を追い詰める刑事。真夏の日差しの下で、額の汗をぬぐう彼の背後では「シャア、シャア、シャア、シャア」とクマゼミの声がこだまする。

猛暑を印象付ける効果音として、日本ではセミの声は欠かせない。夏の夕暮れには、涼しい風とともに「カナ、カナ、カナ、カナ」とヒグラシの声。日本の夏を音で表すとしたら、真っ先に思いつくのは、こうしたセミの鳴き声だろう。

バルタン星人のモデルと言われるセミの正面顔。

そして、夏の夜のセミの羽化もまた、見応えのあるドラマだ。暗い土の中で何年も耐え忍んだ幼虫たちが、一斉に地上を目指し、木によじ登る。殻を破って姿を見せた青白く弱々しい成虫は、夜明けまでにしっかりと羽を伸ばし、緑や茶色の一人前のセミへと変身を遂げる。

高層ビルに囲まれた東京・新宿御苑。8月のある土曜日、夕方の閉園時間に合わせるように、懐中電灯を手に集まってきた長袖、長ズボン姿の約60人の親子の目的は、今まさに羽化し

閉園後の新宿御苑に集合。

ようとするセミたちと御苑の森の中で過ごす一夜、「母と子の森 自然教室 夜の森たんけん」だ。

これは、普段は入ることのできない夜の御苑の様子を知ることができる、貴重な機会でもある。

ノコギリクワガタは脇役

ボランティアの人たちに引率され、4グループに分かれて閉園後の夕闇迫る静かな森をまず軽く一周。ニイニイゼミ、ミンミンゼミ、アブラゼミなど昼間のセミたちの最後の一鳴きが終わると、遠くでヒグラシの声が聞こえる。

暗い林の中では、あちこちでセミの終齢幼虫が木を登り始めている。気の早いコクワガタは樹液を目指してクヌギの木を駆け上がるが、大きなノコギリクワガタはまだ、ブナの根元で待機中だ。

休憩所で弁当を食べ終わる頃には、辺りは真っ暗に。電灯には、たくさんのコガネムシが集まって来る。待ちきれない子どもたちが、親の制止も聞かずに懐中電灯を手に走り回る。

続々と地上に現れるセミの幼虫。

足元にいたツクツクボウシ。

頃合いを見計らって、ボランティアのリーダーが立ち上がる。いよいよ夜の森へ突入だ。

真っ先に目に入ったのは、シラカシの木で樹液を吸っている雌のカブトムシ。そして、その下で、角を振りかざして威嚇姿勢のノコギリクワガタ。しかし、目的はあくまでもセミだ。

大木の幹を器用に登るアブラゼミの幼虫。そして、足元の小枝では、幼虫時代の名残の殻から、ほぼ全身を出して、逆さまにぶら下がったツクツクボウシ。ミンミンゼミの幼虫は、木の葉先にたくさんしがみ付いている。

大スターのイナバウアー

ちょうど大人の背丈ほどの見やすい位置に陣取った

2匹のミンミンゼミの幼虫の周りには、カメラを構えた親子が大勢集まっている。幾つもの懐中電灯のスポットライトを浴びて、さながらセミの世界の大スターのようだ。

地上に出た途端にこれほどの注目を浴びるとは、思ってもいなかっただろう。セミが生活や文化に溶け込んでいる日本でなければ、こんな状況はあり得ない。

松尾芭蕉の『奥の細道』の中の傑作の一つとされる「閑《しずけ》さや岩にしみ入る蝉《せみ》の声」に登場する「蝉」について、後世の文学者の間でアブラゼミなのかニイニイゼミなのか論争が起きる国が日本である。

セミの合唱は、欧米では騒音、雑音扱いされることが多いが、日本では蝉時雨《せみしぐれ》という立派な夏の季語となり、詩や小説の題材としてなじみ深い。

そんな日本のセミたちは、大勢の観衆に囲まれても、たじろいだりはしない。懐中電灯とフラッシュの光の洪水の中でも、黙々と羽化の作業を続ける。

殻の中に尻の先だけを残し大きく反り返った姿に、誰からともなく「待ってました、イナバウアー」の掛け声。2006年トリノ五輪のフィギュアスケートで金メダルを獲得した荒川静香さんの演技で一躍有名になった、上体を大きく反らすあの技だ。

頭上ではミンミンゼミが羽化開始。

待ってました、感動のイナバウアー。

暗闇と静寂の中のショータイム

羽化のさまざまな段階をカメラに収めようと、森中を歩き回る人もいれば、草の先で羽化し始めたセミの周りで、車座になってじっと観察を続けるグループもいる。

さっきまで、カブトムシやクワガタを探し回っていた男の子たちも、いつの間にか幻想的なセミの羽化ショーのとりこになっている。

夕方には、クワガタを木からたたき落としたり、カブトを探してクヌギの根元を掘り返したり、観察会にあるまじき行為を注意されていた子どもたち。しかし今は、木を揺らしたり、セミに触ったりする者はいない。無事に羽化を終えてほしいという祈りのような気持ちが、暗い森の中に広がっていた。

セミの羽化の過程は美しいが、敵に襲われたら、ひとたまりもない無防備な状態でもある。だからこそ、夜の闇という隠れみのが必要になる。

昼間の大合唱とは対照的な、暗闇の中での静かな羽化。「夏休みの自由研究」のネタにするため参加する親子も多いというこのイベントが、忘れ難い特別な思い出になったならば、まぶしいフラッシュを浴び続けたセミたちも満足だろう。

夜9時近く。「さあ、そろそろ引き揚げますよ」。リーダーの声に「あともう少しだけ」とせがむ子どもたちの目は、羽化にくぎ付けとなっていた。

羽化を終えたミンミンゼミ（左）とツクツクボウシ（右）。

おすすめ昆虫名所

新宿御苑「母と子の森　自然教室」

約 58.3 ヘクタールの広さを誇る新宿御苑。新宿駅南口から徒歩約 10 分に位置する「新宿門」から入って右奥に広がる約 6 ヘクタールの森が「母と子の森」だ。2007 年 1 月には環境学習を目的としたフィールドとしてリニューアル・オープン、親子を対象とした自然教室を開催している。ここで紹介する「夜の森たんけん」はその一つ。

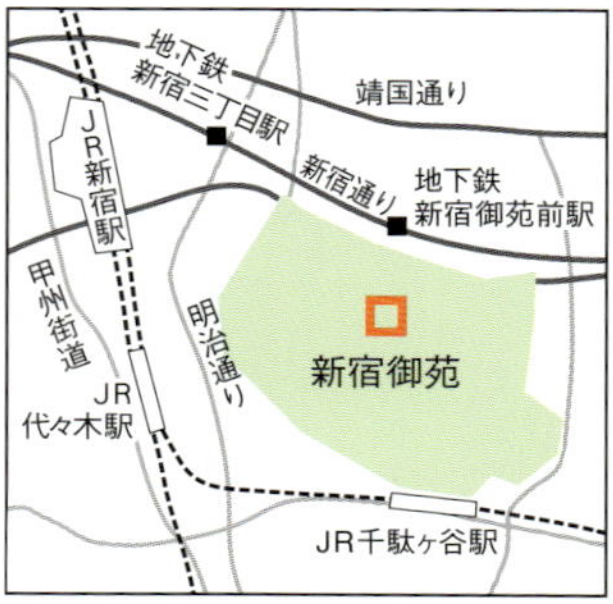

「夜の森たんけん」
場所：新宿御苑 母と子の森
対象：小学 3 年生以上の子どもとその保護者（募集定員になり次第締め切り）
参加費：無料（入園料別途必要／一般200円、小中学生50円）
問い合わせ：新宿御苑サービスセンター　母と子の森 自然教室係
所在地：新宿区内藤町 11
電話：03-3350-0151
FAX：03-3350-4459
eメール：GYOEN-KOZA@env.go.jp
http://www.env.go.jp/garden/shinjukugyoen

大スターなみの注目度。

江戸情緒と虫の音に酔う

名園で秋の風情を堪能

都会に響くスズムシ、マツムシの声

東京都墨田区の向島百花園は、狂歌で有名な大田南《おおたなん》畝《ぽ》ら江戸の文人墨客が集った名園。200年以上の歴史を持ち、この辺りを舞台にした小説『墨東綺譚』で知られる作家、永井荷風も足しげく通ったところだ。今でも、春の七草、秋の七草を観賞しながらの句会、歌会、茶会が開かれるという。

こういう所は、文学の素養のない昆虫記者には、最も似つかわしくない場所である。それでもなお、昆虫記者は、百花園に行かなければならない。8月末には、秋の虫の声を愛でる「虫ききの会」がここで開かれるからだ。都会の公園で、夕涼みしながらスズムシ、マツムシ、カンタン、キリギリスなどの虫の音がまとめて聞けるぜいたくな場所は、ここだけかもしれない。

この「虫ききの会」にもまた歴史がある。江戸の骨董商、佐原鞠塢《さはらきくう》が開いた庭園「花屋敷」が名を変えた百花園。天保2年に没した鞠塢の供養のため、縁者ら

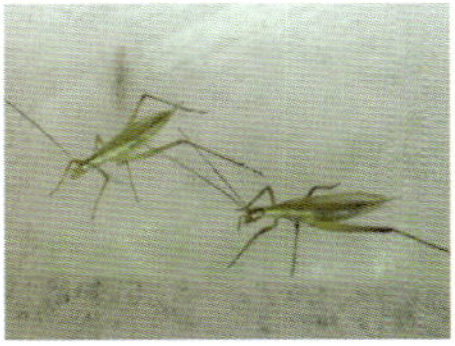

カンタン。おかしな名前だが、秋の鳴く虫の王様とも言われる美声。

「アリとキリギリス」の童話でおなじみのキリギリス。

野生のスズムシは少なくなった。

不機嫌な顔のアオマツムシの雌。

着物姿の女性の後から百花園へ。

が秋の虫を放ったのが、虫ききの会の始まりという。この放虫は、捕まえた生き物を野に放ち、殺生を戒める仏教の儀式、放生会《ほうじょうえ》の一形態である。

こうした歴史の重みも、昆虫記者は苦手である。意を決して、大田南畝の描いた「花屋敷」の額（焼失後に復元）が掲げられた門をくぐったものの、着物姿の女性の後ろを歩く私の格好は、背中に懐中電灯を忍ばせたリュック、腰には大きなカメラバッグと、いかにも場違いだ。

外来アオマツムシが勢力拡大

しかし、少し進むと様子が一変。虫を展示する水槽の前には、子どもたちが群がっている。子どもの関心は、詩歌や文学であろうはずもない。放虫は、現在では仏教儀式などではなく、子どもたちに人気の昆虫イベントなのだ。

プラケースから解放されたマツムシ。

放虫会で大はしゃぎの子どもたち。

夕方5時。法被姿のお兄さん、お姉さんから、虫の入ったプラケースを受け取った子どもたちは大はしゃぎ。一度草むらに放した虫を、次々と捕まえて、虫捕りの技を磨くツワモノもいる。園に入った時の重苦しい気分は、これで一気に解消された。

水槽の下には、秋の虫に関する親切な解説が付いている。おせっかいを承知で紹介させてもらうと、キリギリスの鳴き声は「ギーッ・チョン」、スズムシは「リーン・リーン」、カンタンは「ルルルルルー」。マツムシは「チンチロリン」とされているが、実際の声は「ピッ・ピリリ」と金属的でかなりの音量だ。

百花園のサービスセンター長、斎藤里絵さんによる

樹上で鳴くアオマツムシ（浜離宮）。

小さな羽を立てて鳴くカネタタキ。

と、園内には、今年放された虫以外に、以前に放されたものの子孫もいる。これに、コオロギ、カネタタキ、アオマツムシなど都会に住み着いた虫たちが加わり、夕方から大合唱が始まる。

この中で少々「困り者」なのが外来種のアオマツムシ。樹上から「リリリリー・リリリリー」とまるでセミのような大音響を浴びせる彼らは、明治時代に来日した新参者でありながら、今や都会の公園を席けん、他の虫の声をかき消すほどの大勢力となっている。

スカイツリーと萩と満月

もっとも、斎藤さんにとっては、アオマツムシも園の秋を演出する役者であることに変わりない。わが物顔に振る舞う姿に、「駆除した方がいいのでは」と私見を述べさせていただいたが、「別に害を及ぼすわけでもないので」と、あくまでも優しい。

そして「虫たちには皆、長生きしてもらい、9月、10月に開かれる『月見の会』『萩まつり』でも、お客さまの耳を楽しませてほしい」と、さりげなく園の行事のＰＲも。

また来てみたいと思わせるのは、斎藤さんの人柄か、秋の虫の魅力か、はたまた大人１５０円という入園料の安さか。

園の南には、緑の木々の間から、東京スカイツリーの堂々たる姿も望める。東京スカイツリーと萩の花と満月を一緒に眺めながら聞く虫の音。江戸時代にはあり得なかったこんな豪華な取り合わせは、新時代の向島の魅力の一つとなりそうだ。

百花園からの東京スカイツリーの眺め。

童謡「虫の声」の世界

園内には、秋の鳴く虫以外にも、蝶、セミ、トンボ、ハムシ、カメムシ、ゾウムシなど昆虫が多い。春、夏、秋の七草など、植物の種類が多様なためだけではない。下町の住宅街という周囲の環境に配慮して、農薬による害虫駆除を最低限に抑えているせいでもある。

草花を眺めるついでにぜひ、その上で生活する「小さな住人たち」にも目を向けてあげてほしい。

そして、放虫会の興奮の波が収まり、日が沈むと、子どもの遊びの時間は終わり。これから夜9時までの虫ききの会は、江戸情緒を楽しむ静かな時間だ。

童謡「虫の声」さながらに、あれ「マツムシが」、ほら「スズムシが」と、虫の音に耳を澄ます。ろうそくを灯した絵行灯《えあんどん》には、虫を巧みに読み込んだ句が浮かび上がる。

茶会で園を訪れた美しい着物姿の女性も多く、「ここで一句」と短冊に筆を走らせれば「あの素敵な紳士はだれ？」と注目を浴びるだろうか、などといった妄想が湧き上がる。

ところが、昆虫記者の傍らには、腕に止まった蚊を「バシッ」とたたきつぶし、「虫よけスプレー忘れたでしょ」と文句たらたらの妻と、懐中電灯片手に虫探しに忙しい息子。「ああ、連れてくるんじゃなかった」と後悔しても、もう遅い。その姿を見ると、江戸の幻想から現実へと一気に引き戻されてしまう。

わが家でも「虫ききの会」

わが家で毎年飼育している秋の虫は、おなじみのスズムシだけだ。もう4年目になり近親交配の弊害が進んでいるため、サイズが小さく鳴き声も弱々しい。そこで、百花園の虫の合唱に触発され、コレクションを大幅に拡大することに。

不気味な姿に似合わず超美声のエンマコオロギ、臆病で控えめなササキリの仲間、どこにでもいるが微小で発見困難なカネタタキ、外来のお騒がせ者アオマツムシを近くの公園で捕まえてきた。

これで部屋の中は、リーン・リーン（スズムシ）、コロコロリー（エンマコオロギ）、シリリリリー（ウスイロサキリ）、チン・チン・チン（カネタタキ）、リリリー（アオマツムシ）と、かなりにぎやかになった。

しかし、まだ何か足りない。「そうだ、キリギリスだ」。江戸の虫売りの目玉商品でもあったキリギリスがいないではないか。そこで、蔵前界隈で見つけた趣のある玩具店で竹の虫籠を購入。主となるはずのキリギリスを捕まえに多摩川の土手へ。

ところが、寄る年波で腕が衰えたのか、それとも百花園の福禄寿尊堂へのお参りを忘れた報いか、目の前で鳴いていたキリギリスを捕り逃がした。悔しくて夢にまで出てきた。

毎晩虫の音に悩まされ、寝不足が続く妻は「偉いわ、キリギリス。よくぞ夫の魔の手を逃れてくれた」と、胸をなで下ろしているに違いない。しかし、その傍らで私は密かに、次のキリギリス採集に向け、綿密な計画を立てていた。

昔懐かしい竹製の虫籠。

やっと自然の中で撮れたキリギリス。

おすすめ昆虫名所

向島百花園「虫ききの会」

虫の声を聞きながら一足早い秋の訪れを感じる「虫ききの会」が毎年８月下旬に開催されている。涼やかな虫の音が園内に響き渡る、江戸時代から続く伝統の行事。通常午後５時閉園のところ、午後９時まで開園する。小学生を対象に、スズムシの育て方を通して江戸の伝統行事を学ぶ教室も開催している。

開催：８月下旬
入園料：一般 150 円、65 歳以上 70 円
※小学生以下及び都内在住・在学の中学生は無料
開園時間：午前９時〜午後５時（最終入園は午後４時 30 分）
※「虫ききの会」開催中は午後９時まで（最終入園は午後８時 30 分）
内容：①虫の展示 ②放虫式 ③絵行灯の点灯 ④茶会 ⑤スズムシの育て方教室ほか（日時・定員はそれぞれ異なる）
問い合わせ：向島百花園サービスセンター
所在地：墨田区東向島 3-18-3
電話：03-3611-8705
http://www.tokyo-park.or.jp/park/format/index032.html

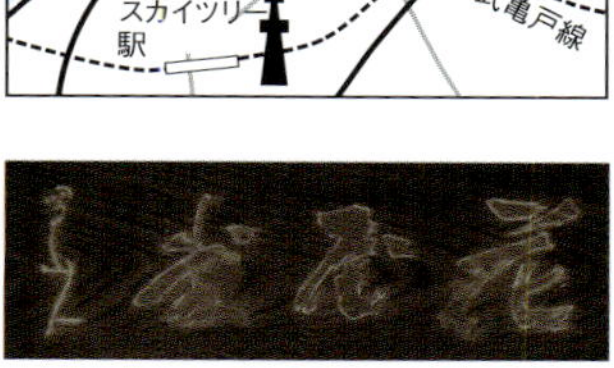
大田南畝（別名蜀山人）による「花やしき」の額。

ブタ鼻の赤トンボ
（マユタテアカネ）

ヨコバイ界の
マドンナ
（ヨモギシロテンヨコバイ）

ハートのサインは
愛の証し
（カワトンボ）

チョウなのトンボなの
（チョウトンボ）

黄色いパンツ
（オオトラフコガネ）

なんじゃこりゃ!?の虫図鑑②

宙に浮かぶ毛玉
（ビロードツリアブ）

1円玉サイズの
赤トンボ
（ハッチョウトンボ）

どっちが
前なの後ろなの
（マエムキダマシ）

その2

昆虫記者と素敵な熱虫人

養老孟司氏、鳩山邦夫氏ら、
虫好き著名人に突撃取材。
女性昆虫愛好家にもアタック、
さまざまなフィールドでの虫探し対決に挑む。

女性にもブーム？ 虫目歩きの勧め

鈴木海花さんと歩く生田緑地

主役はマイナー路線

昆虫趣味は男の世界。そんな過去の常識はもはや通用しない。この世界にも、女性の進出が著しい。ネット上には、女性による昆虫関連サイトが次々と出現している。

今回は、そんな虫好き女性のトップランナーの一人、鈴木海花《かいか》さんと、彼女のとっておきのフィールド「生田緑地」を「虫目」で散策することに。

２０１０年春に出版された海花さんの著書『虫目で歩けば』は、私にとってはかなりの衝撃だった。まず、著者が女性である。私の周囲の女性は、妻を筆頭として、虫に全く関心がないか、虫を毛嫌いしている者が

ハートの紋章が人気のエサキモンキツノカメムシ。

シラホシカメムシの仲間もミニチュアでかわいい。

カツオゾウムシ。オレンジ色の粉に覆われている。

悪臭で嫌われるクサギカメムシ。

水牛のような堂々とした角が売りのウシカメムシ。

こんな実に寄ってくるアカスジキンカメムシの幼虫。

コナラにいたセダカシャチホコ（蛾）の幼虫。

ほとんどだ。虫が好きという女性がたまにいても、その対象は、色鮮やかで優雅な蝶に限られていた。

しかし、海花さんが取り上げる虫は、ハムシ、ゾウムシ、イモムシといったマイナー路線。悪臭で鼻つまみ者のカメムシが特にお気に入りの様子だ。

果ては、嫌われ者の代表のようなクモ、ダニまで登場。家の中をさまよっていた子グモの群れが糸を風に乗せ旅立っていくのを寂しげに見送り、チーズを熟成させるチーズダニを冷蔵庫の野菜室で愛情込めて飼育している。

「クモもダニも『ムシ』と呼ばれるが『昆虫』ではないので」、などと言い訳してこれまで彼らを「忌避」してきた昆虫記者は、海花なる女性がただ者ではないことを直感した。

歩みはカメより遅く

ようやく涼しい風が吹き始めた9月後半、川崎市の生田緑地に現れた奇妙な4人組。海花さんとご主人、それに私と小学生の息子である。道端にしゃがみ込んで、カメラを草むらに突っ込み、写真を撮っているようだが、レンズの前には草以外に何もない。

海花さんが「雑虫」と呼ぶハムシ、カメムシ、ゾウムシなどは、その多くが1センチに満たない。通りすがりの人々の目には、雑草の葉を撮っているようにしか見えないのだ。

4人の歩みはカメよりも遅い。なにせ相手は、微細な雑虫。巨大恐竜のような人間がドシン、ドシンと通り過ぎれば、クモの子を散らすように逃げ去るか、ポトリと地面に落ちて死んだふりをする。

そのため、カメのようにゆっくりと歩き、時には草むらの中にじっと座りこむ。そうすれば、意外なほどたくさんの虫たちが、目の前に飛び出してくる。

海花さんとご主人。息はぴったり。

赤地に黒の紋が映えるオオホシカメムシ。

「あ、いました、いました」「ここにも変なやつが」「パパ、見て、見て」。4人の虫目で次々と発見される虫たち。雑草の上には、赤地に黒の紋が際立つオオホシカメムシ。近くの道端にはその幼虫も。カメムシは「脱皮するたびに模様が大きく変わり、それがまた楽しい」と海花さん。

笑うカメムシ

蝶や蛾の幼虫であるイモムシも、よく見ると模様が奇抜で面白い。ホウセンカの葉にいたセスジスズメ（蛾の仲間）の幼虫の目玉模様は、不気味さとかわいさが共存する。

セスジスズメの若齢幼虫（上）と終齢幼虫の目玉模様（下）。

アカスジキンカメムシの幼虫。模様は大口を開けて笑う猫？

パンダ模様のオジロアシナガゾウムシ。

「猫が大笑いしているみたいだよ」。息子が液晶モニターで見せてくれた写真は、アカスジキンカメムシの幼虫。背中の模様は、大口を開けて笑う猫に見えなくもない。

クズの茎にしがみ付いていることの多い白黒模様のオジロアシナガゾウムシは、昆虫界のパンダ。海花さんが「うさ耳ちゃん」と呼ぶクロコノマチョウの幼虫は、ジュズダマの葉をバリバリと食べていた。緑の体の先の黒いお面のような頭部には、ウサギの耳のような突起があり、いっぱい毛が生えている。

こうした、自然の手の込んだ細工に注目し、勝手な批評をするのも、モニター付きデジカメを使った雑虫観察のだいご味の一つだ。そして「うさ耳」とか「パ

うさ耳を持つクロコノマチョウの幼虫。

ンダゾウムシ」とか、勝手なニックネームを付ける。

変な名前を付けられても、虫は一向に気にしない。正式名称でさえ「ムシクソハムシ」だとか「コクヌスト（穀盗人）」だとか、随分失礼なものがあるのだから。

虹色のゴミ

虫目歩きでは、ベンチ、看板、杭《くい》など自然の中に配置された人工的な構造物も重要なチェックポイントになる。散策路脇の木製の手すりに付着した黒い小さなかたまり。よく見るとそれは、動いている。さらによく見ると、その背中には、虹色の光沢がある。これまで写真でしか見たことのなかったニジゴミムシダマシだ。

海花さん撮影のニジゴミムシダマシ。

クロウリハムシ。円を描いている最中（上）と円内で食事中（下）。

図鑑の表紙を飾ることもある美麗な虫だが、虫目で探さなければ、手すりに付いたただのゴミだ。

ハムシの多くは、さらに小さく、興味を持つ者は少ない。しかし、その形態や色彩の多様さは筆舌に尽くし難いほどだ。

カラスウリの葉に群がるクロウリハムシは、葉の上に円形のかみ跡を付け、その円内で食事をする「トレンチ行動」で有名だ。カラスウリの葉は、虫に食べられないよう、苦味や粘り気のある液を出す。これを遮断して、おいしくいただくための知恵が、このトレンチ行動なのだというが、そんなことを知らずとも、ひたすら完璧な円形痕を探すだけで十分楽しい。

さらにハムシは、植物とワンセットになっているものが多く、草花の趣味を広げたいという女性にもお勧めだ。ウリにはウリハムシ、フジにはフジハムシ、サンゴジュにはサンゴジュハムシ、エノキにはエノキハムシ。今回発見したヤマイモハムシも、やはりヤマイモにいた。

ヤマイモの葉にはヤマイモハムシ。

最大の獲物トリノフンダマシ

そして、生田緑地での最大の収穫はこれ。トリノフンダマシというクモの仲間だ。これまた失礼なネーミングだが、正式名称だから仕方がない。鳥のお尻から落ちたばかりの湿っぽさを感じさせるフンそのもの。これぞ擬態の極致だ。

この日は、外来種の色鮮やかな蝶「アカボシゴマダラ」や、この季節としては大物の部類に入る「キボシカミキリ」などにも出会った。しかし、観察後の昼食の場で、満場一致で「この日一番の獲物」に選ばれたのは、トリノフンダマシだった。さすが、ムシに関しては玄人の集団。大向こうをうならせる選択だ。

擬態中のトリノフンダマシ（上）。足を出しました（下）。※海花さん撮影

女性と食事をしながら、虫の話をする。それは、すべての虫好き男たちの夢だった。決して実現しないとあきらめていた夢だったが、今それが現実となった。海花さんの周辺では、虫好き女性の輪が徐々に広がっているという。うれしいことだが、欲を言えばもう少し早く、昆虫記者がまだ独身の頃に、こんな時代が来てほしかった。

しかし、海花さんからは、虫好き男への忠告も。男は虫だけに集中して、他の物が目に入らなくなることが多い。そして、徹底的な収集欲から、仲間を出し抜いてまで珍奇な虫を独り占めしようとする悪癖があるという。

これに対し女性は、生活と虫が自然に重なり合い、日常のアクセント、旅の1ページに虫を配置するといった高度な技が持ち味なのだそうだ。

たぶんルイヨウマダラテントウ。

海花さんはフン虫のセンチコガネもお気に入り。

これも小さいムーアシロホシテントウ。

見方を変えれば幸せに

撮る人の気持ち、撮る人の虫への思いがにじみ出る写真。これが、海花さんの理想とする昆虫写真だという。それでは、今回の生田緑地での昆虫記者一番の自信作への海花さん評価はいかに。

被写体は「この子はどんなカメムシになるのだろう」と、海花さんが「お持ち帰り」を決めた幼虫。頼りなさそうでいて、生き抜こうという強い決意を秘めた表情がプロの技、と思うのは私だけか。

しかし正直に告白すると、これは息子が撮った写真。私の作品はボケボケで使い物にならなかった。

海花さんの元には、『虫目で歩けば』の読者から、虫目でゆっくり歩いたら色々な発見があり、幸せな気分になったといった声が多く届いている。見方を少し変えて、歩き方を少し変えて、それだけで、人生がずっと楽しくなる。虫には触れないという女性でも、カメラという武器があれば大丈夫。デジタル写真は、いくら撮ってもお代は無料で、失敗写真は削除するだけだ。さらに、カメラの性能向上は驚異的で、豆粒のような虫でも楽々接写。モニターで拡大して見ればカブトムシ並みの迫力になる。

デジカメ1台で、どこにでもいる雑虫たちのディテールを楽しむ「虫目歩き」。だまされたと思って、ぜひお試しあれ。

どんな成虫になるのかな。

鈴木海花さんの本！

『虫目で歩けば――蟲愛づる姫君のむかしから、女子だって虫が好きでした。』
（P-Vine Books、2011 年）

こんな本はこれまでなかった！文系女子目線で観察された愛情あふれる虫ブック。海花さんの「虫目」視点で撮影された写真はどれも、やさしいユーモアにあふれている。

『毎日が楽しくなる「虫目」のススメ――虫と、虫をめぐる人の話』
（全国農村教育協会、2013 年）

「虫目」第２弾。「虫目」で楽しむ、自然や生きもの、旅を綴ったフォトエッセイ集。「虫目」で歩くと、身近な自然に隠れたこんな愛らしい世界が見えてくる!?

昆虫記者、「知の巨人」に挑む

養老孟司氏の本業は昆虫採集

絶滅していなかったオオルリハムシ

普段は好き勝手に記事を書いている昆虫記者も、たまには上層部の厳しい注文に応じなければならない。「夏休みシーズンは大物がほしいね」と幹部。「カブトですか、それともクワガタ?」と昆虫記者。「大物へのインタビューだよ。例えば養老先生とか」と幹部。

一瞬絶句した。養老孟司氏と言えば、大ベストセラー『バカの壁』の著者で、解剖学、脳科学などの膨大な知識を持つ「知の巨人」。しかも「本業は虫捕り」と言い放つ究極の虫好きだ。何の理論武装もないただの「自称昆虫記者」が正攻法で立ち向かえる相手ではない。

養老昆虫館近くに現れたイノシシの子ども、ウリボウ。

養老昆虫館の外観は古墳をイメージしているとか。

そして数週間後、インタビューの日は容赦なくやってきた。神奈川県箱根町仙石原にある養老氏の別邸、通称「養老昆虫館」でインターホンのボタンを押す記者の手は震えていた。

自らドアを開け、表に出てきた養老氏は、私とカメラマンを招き入れると、いきなり「で、今日はどうすればいいの」。

ここは、ひきょう者と呼ばれても、裏技を使うしかない。前週の箱根極秘偵察で必死に探し出した美麗種「オオルリハムシ」の写真を、「どうだ！」とばかりに、養老氏の眼前に突きつけた。養老氏が数年前に箱根でこの虫を探して、見つけられなかったという話を聞いていたからである。

オオルリハムシ。体長1.5センチとハムシにしては大きく、湿原の宝石とも呼ばれる美麗種。

ところが、「まだいたのか。絶滅してなかったんだね」と答える養老氏に動じる様子はなかった。

ゾウムシの話なら立て板に水

それならばと、神奈川県ではこの辺りにしかいないと言われている「ジュウシホシツツハムシ」の写真を出したが、「そうだね、ジュウシホシだね」と素っ気ない返事。

しかし、その後に予想外の展開が待っていた。ハムシたちの写真の中に紛れ込んでいた「アサカミキリ」の姿を見て、養老氏の表情が変わった。

「おっ、これアサカミキリ？　どこで撮ったんです

養老昆虫館の広い標本室は2階建て。

大型のゾウムシの標本がずらり。

シンプルなストライプ柄のアサカミキリ。麻栽培が姿を消したため、アザミを代用食にしているという。

か。この辺りでは、ほとんど絶滅ですよ」。養老氏によれば、神奈川県では大野山が唯一残された産地と言われ、そこも採集者が押し寄せて厳しい状況になっているという。だから、今回見つけた場所の詳細は「あまりオープンにしない方がいいよ」とうれしいアドバイスをいただいた。

県のレッドデータブックに特筆されるかもしれないこの大発見に気を良くして、次に私が取り出したのは、箱根のゾウムシたちの写真。その中でも、特に地味で名前も分からなかったゾウムシが、養老氏の口を一気に滑らかにした。

「これはヒメカタゾウムシの仲間ですね。関東南部特産ですよ。基本的にはフィリピンプレートの虫です。小笠原とか、南硫黄島とかでは特殊化していますね。伊豆諸島では2種類に分かれていて、小笠原には3種類います。台湾なら…」などと、立て板に水の話しぶりだが、説明の半分くらいは浅学の昆虫記者には理解できなかった。

グレシット博士に捧げる新種

養老氏が専門とする虫はゾウムシ。裏技など使わず、最初からゾウムシの話をすれば、良かったのだ。そこで一つ、ありきたりの質問をしてみた。「先生が名付け親のゾウムシもいますか」。

「ゾウムシなら新種なんていくらでもいますよ。例えばこの仲間は、僕が勝手に属名を付けただけで、まだ公表されていないんですよ」。

そう言って養老氏が指差した標本箱には、どう読んだらいいのか分からないラテン語らしき属名が書かれている。

昆虫の学名は、属名の後に種名が続くが、ラオスで捕まえたこの新属のゾウムシ3種にはまだ名前がない。これから論文を出して、それぞれに種名を付けるという。論文用に準備したという拡大写真を見ると、背中にたくさんトゲが生えている見たこともない不思議なゾウムシだった。

この新属のゾウムシを捕まえた人は、実は、養老氏のほかにもう1人いる。米国の著名な昆虫学者で、1982年に妻とともに飛行機事故で亡くなったグレシット博士だ。ハワイの博物館にある博士のコレクションの中の、この中国産ゾウムシはこれまで正体不明の種として放置されていたという。そこで養老氏は、このゾウムシにも一緒に種名を付けようと考えた。その名は、博士の供養のため「グレシット」になるはずだ。

これが新属、新種のゾウムシ。拡大写真だと背中のとげが良く分かる。

虫捕りに偏見のないラオス

この辺りから、やっとインタビューが軌道に乗ってきた。

——6月は長く留守にされていましたが、どちらへ？

やっぱりラオスです。2週間近く行っていました。毎日虫捕りですね。虫捕りしかやることがない。（机の上の黒々とした虫の山を指差しながら）今、ラオスの虫を整理中で、かなりの量なので、全部片付けるのに1週間かかります。

——標本作りは大変ですね。

汚れた虫は、この超音波眼鏡洗浄機で洗って、こうして顕微鏡でのぞきながら、細い筆でさらにきれいにする。それから乾きやすいようにアルコールを通して、台紙に貼って、このホットプレートで乾かす。温度は80度。乾くのが速いですよ。こんな細かい作業をずっとやっているんです。

——最近はラオスに行かれることが多いですね。

ラオス政府の採集許可を取ってあるので、面倒がないんです。それに、ラオスの人は、虫捕りに対する偏見がない。（パソコン画面で、ラオスの食品市場に並ぶさまざまな虫の写真を見せながら）ハチの子やバッタはもちろん、カメムシ、ガムシとか、こういう状態ですから、大人が虫捕りしていても、食べるための採集の延長のようなもので、不思議に思わない。

養老邸に「虫捕り」に来る人々

――捕るのはゾウムシだけですか。

いろいろ捕りますよ。このラオスの標本を見てください。これはコガネムシ、これはカミキリ、これはタマムシ、これはクワガタでしょ。（ゾウムシ以外は）こうして置いておくと、たいてい誰かが持っていっちゃうけどね。うちに「採集」に来る人がいるんですよ。それで「これちょうだい」とか言って、すぐになくなっちゃう。

これから標本にするとなると面倒ですが、最初から標本になっていると、みんな喜んで持って行きます。

――池田清彦先生とか、奥本大三郎先生とかも、そういうお仲間ですよね。

（昆虫依存症の度合いは）私と似たようなものでしょう。池田君はカミキリだけど、本当に好きだよね。奥本さんも、虫好きっていう点では人後に落ちないね。

――今の子どもたちへの「虫捕りの勧め」をお願いしたいんですが。

お金がかからないとか、どこにでも虫はいるとか、いろいろあるけれど、安全第一の母親の壁を乗り越えるのは難しいね。虫捕りはけっこう危険ですから。

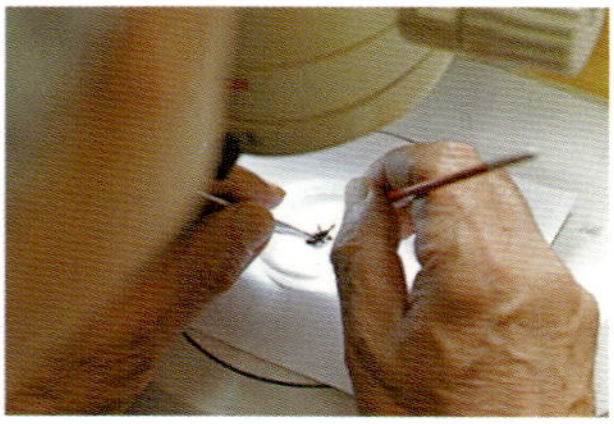
ゾウムシの汚れを落とすのは細かい作業だ。

顕微鏡でのぞきながら虫の汚れを落とす。手前の砂利のようなものは、ラオスの虫たち。

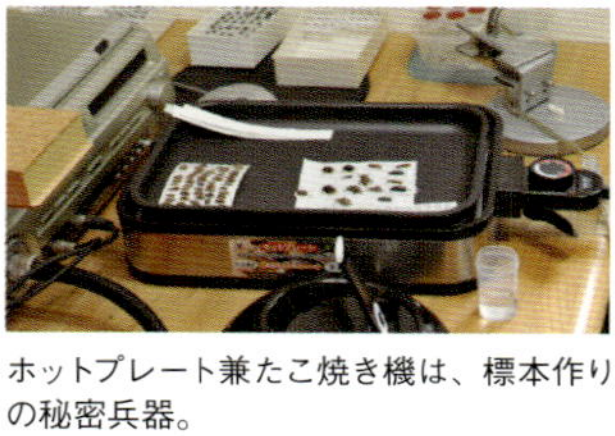
ホットプレート兼たこ焼き機は、標本作りの秘密兵器。

ハチの巣たたいて大惨事

——先生も命の危険とかありましたか。

それは、しょっちゅうですよ。今年はハチにやられた。スズメバチみたいなラオスのアシナガバチです。ラオスで刺されたのは2度目だから、アナフィラキシーショックだったのかな。かなりひどかった。ショックが収まるまで4時間ぐらいかかりました。ただ、呼吸困難にはならなかったので命は助かりました。

たたき網採集（茂みを棒でたたいて、下に構えた網に落ちてくる虫を捕る方法）で、うっかりしてハチの巣の近くをたたいちゃったんだよ。それで、周りにいた見張りのハチが2、3匹ずつ飛んできて刺したんだね。

——たたき方のこつはあるんですか。

相当個人差がありますね。すごく強くたたく人もいるし。特にアシナガゾウムシなんか捕ろうと思ったら、最初の一発で落とさないと。枝にしがみ付かれたらもう落ちないですから。ゾウムシは、捕りにくい虫だね。

——子どもの虫捕りでお勧めのゾウムシはありますか。

ゾウムシは、かなり虫に凝ってからの方がいいね。葉っぱの上にいる種類は捕りやすいけれど、小さいからね。それに標本を作ろうと思ったら、羽が堅くて針が通らない。だから、カミキリとかの方がいいね、入り口には。大きさが適当だし、実に標本が作りやすい。今ごろから、プラタナスの並木に大きなゴマダラカミキリが出てきますよ。

柳美里さんの息子も虫捕り少年

そして最後の質問は「虫が山ほどいる場所は近くにありませんか」。さすがは頭の中が虫一色の昆虫記者。まるで小学生の質問ではないか。すると、わざわざパソコン画面に地図を出して「このススキ原を突っ切ると、森になって、そこから温泉旅館まで行って」と丁寧に説明してくれる。「この辺りには、比較的少ないものではセアカオサムシとかいますよ」。さすが本業は虫捕りの養老氏である。

常人の感覚なら、養老氏にここまでしてもらえば、恐縮してこれ以上の質問はできないもの。しかし虫の話になると、われを忘れる昆虫記者。さらに踏み込んで「箱根の名前が付いた虫を捕りたいんですが」と無理な注文を出し、「ハコネアシナガコガネなら、ススキの葉にたくさんいますよ」との重要情報を引き出した。ハコネアシナガコガネは、体長6~7ミリの小さなコガネムシだが、箱根を中心としたごく狭い地域にのみ産する貴重な種。背中の白っぽいカイザーひげのような模様がかわいい。

養老氏によると、ヒメカタゾウムシの仲間だそうだ。

神奈川の生息地は箱根だけと言われるジュウシホシツツハムシ。

栗の葉にいたオトシブミ。

裏の銀紋が特徴のウラギンヒョウモン。

養老氏の口からはさらに、「このあいだは、柳美里さんの息子がうちに来て、近くの原っぱを10分ほど探して、すぐにハコネアシナガコガネを捕ってきましたよ」と衝撃の事実が語られた。そう言えば、芥川賞作家の柳美里さんも、かなりの虫好きだったはず。しかし、その息子さんまでもが、虫捕りのプロとは。

わんさといたハコネアシナガコガネ

昆虫記者の意地にかけても、小さな子どもに負けるわけにはいかない。養老昆虫館に別れを告げるとすぐに、教えてもらったポイントに向かった。

養老氏の言葉にうそはなかった。ススキ原をしばらく歩く

下草の花に集まっていたハコネアシナガコガネ。

と、「いた！」。ススキの葉の上にハコネアシナガコガネの姿。しかし、大写しにしようと近づくと、すぐにポトリと落ちて見えなくなる。その後、何匹かススキの葉に見つけたが、みなポトリ。そしてススキ原と森の境目に来た時、素晴らしい光景が広がった。森の縁に人の背丈ほどの野バラの茂み。なんと、その花に、わんさと群がっているではないか。一つの花に2匹、3匹としがみ付いているのもある。いる、いる。まるで、養老氏が先回りして、ハコネアシナガコガネをばらまいておいてくれたような状態だ。近くの下草の花にもいる。勝った、柳美里さんの息子さんに。

「本来花にくるはずなんだけど、花では見たことがない」という養老氏の言葉を思い出した。「先生、花にいましたよ、いっぱい」。次にお会いする機会があれば、また自慢できる。知の巨人にはなり得ない小市民の自称昆虫記者は、こんなつまらないことで、つい興奮してしまうのであった。

南伸坊さんの描いた「バカの壁」の前に立つ養老氏。

「バカの壁」の裏側はこうなっています。

養老孟司氏の本！

『虫捕る子だけが生き残る～「脳化社会」の子どもたちに未来はあるのか～』
養老孟司・池田清彦・奥本大三郎 著
（小学館、2008 年）

養老孟司氏と、生物学者の池田清彦氏、フランス文学者の奥本大三郎氏。元祖・昆虫少年の３人が、「脳化社会」の中で子どもを育てるにはどうすればよいのかを語り合う子育て論。「知の巨人」３人の日本教育改造論である。虫嫌いのパパ、ママにも読んでもらいたい。

昆虫文学少女、その名は「まゆゴン」

謎の虫アブライモモムシを探して

ポケットいっぱいのダンゴムシ

虫には全く興味のないお母さん、かなり虫が苦手なお父さん。そんな新井家に生まれた麻由子ちゃんはなぜか、2歳の頃から「ポケットをダンゴムシでいっぱいにして家に帰ってくる」大の虫好きだった。娘の洋服からはい出てくる不気味な生き物を目にした両親の「ギャー!」という悲鳴が、家中に響き渡ったに違いない。

そんな逆境にもめげず、虫への思いを貫き通した麻由子

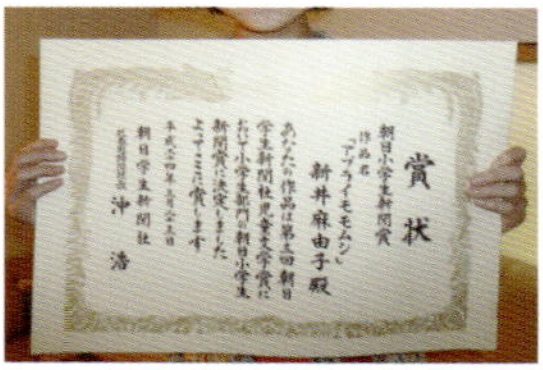

朝日小学生新聞賞の賞状を持つ麻由子ちゃん(新井家提供)。

クックフーンで麻由子ちゃんの帽子にとまったナナフシ(新井家提供)。

ちゃんは2012年3月、『アブライモモムシ』という奇想天外な虫の小説で、朝日新聞系の児童文学賞「朝日小学生新聞賞」を受賞した。当時は小学4年生だ。

しかし、この昆虫文学少女の出現は、突然の出来事ではなかった。麻由子ちゃんは既に前の年に、仏文学者奥本大三郎氏が館長を務めるファーブル昆虫館の「昆虫研究ファーブル大賞」で、山本東次郎賞を受賞していたのだ。受賞作品は『まゆゴンのマレーシア昆虫記』。フィクションだけではなく、エッセイも得意なのである。

右・山本東次郎賞を受賞した『マレーシア昆虫記』。
下・マレーシアで麻由子ちゃんが出会った巨大ナナフシ（新井家提供）。

そんな昆虫文学少女と昆虫記者の巡り合いは、前世からの定めだったのか。発端は、7月下旬に虫好きのエッセイストとして知られる鈴木海花さんから掛かってきた妙な電話だ。「知り合いの少女が夏休みにベトナムのクックフーン国立公園に行く。狙いはナナフシらしい。現地の詳しい情報を教えてほしい」というのだ。

確かにクックフーンには大小さまざまな種類のナナフシがいる。これほど多くの種類のナナフシが、これほどの密度でいる場所を私はほかに知らない。しかし、虫好きの間でクックフーンが有名なのは、蝶の楽園としてである。ナナフシだけを目的にクックフーンに行くというのは前代未聞だ。

ギンヤンマと格闘

そこで、少女の正体を問いただした。そして麻由子ちゃんの存在を知り、『アブライモモムシ』を読んでみた。面白い。子どもらしい奇抜な発想だが、ほろりとするいい話でもある。これは将来大物になるかもしれない。というより、すでに昆虫記者をはるかに超越している。
ぜひ麻由子ちゃんに会いたい。海花さんに頼むと、向こうも会いたがっているという。相思相愛で、すぐに話は決まった。

麻由子ちゃんは大田区在住。そこで、大田区の東京港野鳥公園へ虫探しに行くことに。9月のある週末。野鳥公園で昆虫記者を出迎えてくれたのは、海花さん、麻由子ちゃん、そして麻由子ちゃんのお母さんである。お母さんは、ある時、虫嫌いのお父さんに代わって娘の趣味を応援しようと決心。娘が切望する海外の虫旅行にも同行し、ジャングルでヒルに血を吸われ、毒ヘビに接近遭遇し、「無理、無理、もうだめー」と絶叫しながらも、陰になり日なたになり、麻由子ちゃんをサポートしてきたのだった。

野鳥公園は、さほど広くない。首都高速湾岸線と東京湾に挟まれ、隣は大田市場。しかし、その狭い敷地に干潟があり、淡水の池があり、田んぼがあり、小川が流れ、草原があり、森があり、豊かな自然を印象付ける不思議な場所である。

公園の田んぼを周回するギンヤンマ。大きな捕虫網でそれを追いかける麻由子ちゃん。その姿は文学少女というより、昔はどこにでもいた普通の虫捕り少年の少女版だ。ギンヤンマ捕りに夢中になって、一緒にやってきた変なおじさん記者、変なおばさんエッセイストの存在など完全に忘れてしまっているようだ。赤トンボは簡単に捕まえたが、さすがにギンヤンマは素早い。何度も何度も捕り逃がし、それでも諦めずに網を振る。

ショウリョウバッタをわしづかみ

池の周りには、チョウトンボや交尾中のイトトンボの姿もあり、森の樹液には、シロテンハナムグリとキマダラヒカゲが群れ、アカボシゴマダラもやってきた。

桑の木の幹に開いた小さな穴からは、木くずが後から後から出てくる。中にカミキリ虫の幼虫がいるのか

ショウリョウバッタをわしづかみ。

もしれない。そんな小さな動きをじっと見つめる麻由子ちゃん。人工物に囲まれた大都会にも、自然の不思議に目を見張る子どもがいる。麻由子ちゃんの想像上の生き物、「アブライモモムシ」の「汚いもの扱いをしないで、そっとしておいてくれるだけで十分」とのつぶやきが聞こえてくるようだ。自然に対する優しい眼差しを忘れないようにしたいと、改めて思った。

しかし、麻由子ちゃんは、ワイルドなハンターでもある。草むらでは、大きなショウリョウバッタを追い駆けて、ガバッとわしづかみ。キイロスズメという蛾の巨大なイモムシに出会っても、全く動じることなく、指先で突っついてみる。生け垣に隠れていた小さなバッタを一瞬でショウリョウバッタモドキと見抜く眼力、知識も相当なものだ。

お気に入りのナナフシには今回出会えなかったが、同様にスローな動きのカマキリは、掃いて捨てるほどいた。それを小さな網ですくい上げて観察する麻由子ちゃん。そういえば、麻由子ちゃんの空想が生んだ「アブライモモムシ」は、どこかカマキリと似ている。アブライモモムシが扇子のような前足をパッと広げると、そこには日の丸の旗。コカマキリが前足のカマを振り上げた時にも、白黒の旗の模様が見える。

キイロスズメの幼虫。こんな不気味なイモムシもへっちゃら。

野鳥公園のナナフシ。残念ながらこの日は姿を見せなかった。

コカマキリの前足の模様はアブライモモムシと似ているかも。

憧れの地マレーシアへ

昆虫たちも、歓迎ムードで、麻由子ちゃんの前に次々に姿を現す。クズの葉ではシロコブゾウムシがくつろぎ、クスノキではアオスジアゲハが産卵していた。公園のボランティアのおじさんが見つけてくれたリスアカネというトンボは、東京都区部では準絶滅危惧種なのだそうだ。

麻由子ちゃんの虫とのつき合い方は「捕って持ち帰って観察」が基本。命をまっとうした虫の一部は標本になるが、本当にかわいがっていた虫は「最後はお墓に行く」のだという。

麻由子ちゃんの家にはこんなマニアックなものも。小さなハチの仲間のまゆ、ホウネンダワラ(豊年俵)。

麻由子ちゃんが捕まえたりもらったりした甲虫の標本。

ノコギリクワガタも飼っています。

その後、公園の中の広いネイチャーセンターで、お昼の休憩。そこで、ダンゴムシ収集から始まった麻由子ちゃんの華麗なる昆虫人生の全貌が次第に明らかになる。

初めての虫捕り海外旅行は、２０１１年のマレーシア。幼稚園の頃から憧れていたマレーシア行きの夢がかなったのは「私も虫好きになろう」というお母さんの悲壮な決断のおかげである。マレーシア旅行に備え、昆虫専門店に虫網を買いにいったお母さんは、そこで、キャメロン・ハイランドという高原保養地の近くにナインティーン・マイルという虫マニアの聖地のような場所があることを聞きつけていた。そして、キャメロンからタクシーで、ナインティーン・マイルの山岳民族オランアスリの村へ行き、村長らしき人に会い、熱帯の不思

ナインティーン・マイルの麻由子ちゃん(新井家提供)。

議な虫たちを見せてもらうことになったのだ。昆虫記者が２０１２年夏にたどったルートを、１年以上前に母子二人で制覇していたのだからすごい。

　わが子のためとはいえ、ここまでできるお母さんはなかなかいない。「お母さんが偉いですね」と海花さん。すると、麻由子ちゃんは「お母さん、良かったね、褒めてもらえて」と大喜び。こういう言葉は、頑張ってきたお母さんにとっては、ささやかではあるが何物にも代えがたいご褒美だ。

昆虫の大家と天ぷらの味

　第１回マレーシア遠征の成果は、先に紹介した『まゆゴンのマレーシア昆虫記』に結実。この昆虫記を気に入ってくれたのが、蝶マニアで人間国宝の狂言師、山本東次郎氏と、昆虫写真家の草分け海野和男氏だ。特に海野氏とは不思議に意気投合。事務所に招かれて天ぷらをごちそうになるという破格の待遇を受けた。こうした幼少期の大家との出会いが、人生に大きな影響を与えるのは言うまでもない。


　そして、『アブライモモムシ』の受賞記念で２０１２年春にまたマレーシアへ。なんと今度は、海野さんが旅行計画を立ててくれた。恐れ多いことだ。そのルートには、海野さんの秘密の撮影ポイントも入っていたに違いない。

　２回目のマレーシアではオランアスリの案内でジャングルの中へ。トリバネアゲハ、キシタアゲハなど憧れの蝶が、次々にオランアスリの網に入る。しかし、麻由子ちゃんが本当に出会いたかったのは、カメムシとか、バッタとかマイナー路線の虫たち。

　そこで彼女がバッグから取り出した秘密兵器が、自作のジンメン（人面）カメムシ人形とコノハムシ人形

海野和男さんと笑顔のツーショット（新井家提供）。

手作りのジンメンカメムシ（左）、コノハムシ人形が大活躍（新井家提供）。

だった。真の芸術作品は国境を越えて、人の心を動かす。「これが見たい」と人形を指差すと、オランアスリたちは拍手喝采して大喜び。その後は、カレハカマキリとか、コノハムシとか、巨大ナナフシとか、麻由子ちゃん好みの虫をどっさり持って来てくれたという。

昆虫記者がナインティーン・マイルを訪れたのは、その数カ月後。オランアスリたちが最初に持ってきた虫は、カブトムシや蝶ではなく、なぜかカメムシやバッタばかりだった。その理由が今やっと分かった。あれはすべて麻由子ちゃんの仕業だったのだ。カメムシ人形のパワーは、それほどまでに強力だったのだ。

左・背中の模様がまげを結ったお相撲さんの顔に見えるジンメン（人面）カメムシ（新井家提供）。
下・マレーシアで出会ったコノハムシ。手のひらよりずっと大きい（新井家提供）。

アブライモモムシの正体

朝日小学生新聞賞を受賞した『アブライモモムシ』では、挿絵の虫の姿も笑えた。そんな話をしていると、麻由子ちゃんが突然ペンを手に取り、ササッと絵を描き上げた。その虫こそ、まさにアブライモモムシ。

「アブライモモムシ？　それって一体何者？」と困り果てた朝日の担当者から、「へたでもいいから」と頼まれて、麻由子ちゃんが描いたのが「前足に付いた日の丸の扇子がパッと広がる」という無茶な設定の虫。

しかし、こんな虫がいてほしい。いるかもしれない。いるのではないかという気になる。感激して写真を撮っていると、「写真撮ってくれたよ。初めてだよ、こんな人。本当にいい人だよ」と麻由子ちゃん。そこですかさず「麻由子ちゃんの尊敬する人は？」と質問すると、「海花さん、それに昆虫記者さん。あと、海野さんとか、奥本さんとか」。

やった！　昆虫記者をやってきて、初めて尊敬された。狙い通りである。しかも、写真家の海野氏、仏文学者の奥本氏ら、雲の上の人々と同列の扱いだ。

2回目のマレーシア、先日のベトナム・クックフーンへの旅も、既に旅行記として新聞に載っている。そんな麻由子ちゃんの将来の夢は、虫の世界を極めた異色の作家兼エッセイスト。「けっこうマニアックな路線だから、みなさんに気持ち悪がられないか心配」と言うお母さん。でもそんな心配は無用だと思う。

「せっかく地球に生まれてきたのだから、人間もいばらずに、虫や動物、植物、魚…みんなの力を借りて、仲良く暮らして行けたら幸せだなと思います」。これは2度目のマレーシア旅行で麻由子ちゃんが感じたこと。地球と、そこに暮らすすべての生き物を大切に思うこと。それがマニアックだとしたら、マニアック大賛成である。

きっと日本全国には、麻由子ちゃんのような、みずみずしい感性を持った虫好き少女、少年がたくさんいるに違いない。そう思うと、うれしいし心強い。世界に誇るべき日本の虫文化は、永遠に不滅である。

アクセサリー代わりのトリバネアゲハ。マレーシアの昆虫館で（新井家提供）。

麻由子ちゃんがマレーシアで見つけたトゲグモの仲間。カニの甲羅みたい（新井家提供）。

新井真由子ちゃんの絵！

ジャジャーン。これぞ「アブライモモムシ」。それが仮に威嚇のポーズだったとしても、日の丸の扇子がパッと広がるこんな虫がいたら、楽しい、うれしい、飼ってみたい。

鳩山邦夫氏、蝶を語る

昆虫採集はノーベル賞への近道？

すさまじい情熱、150種飼育

政界ナンバーワンの蝶マニアといえば、言わずと知れた鳩山邦夫元総務大臣である。1996年に出版された同氏の著書『チョウを飼う日々』に記されたその経験と知識は、私のようなただの虫好きから見ると、まさに驚異の世界。同書によれば、これまで飼育した種は150に迫る。

クモマツマキチョウを1シーズンに900近く羽化させたとか、オオウラギンヒョウモンに2589個というギネス級の数の卵を産ませたとか、600近いシャーレを部屋に並べてオオルリシジミを累代飼育したとか、ともかくすさまじい情熱が感じられる。

これほどまでに、男を駆り立てる蝶の魅力について、ぜひ話をうかがいたい。しかし、文部大臣、労働大臣、法務大臣、総務大臣を歴任した大物政治家に、政治の知識が皆無に等しい昆虫記者がインタビューなどしてもいいものか。

「昆虫記者？　どこの馬の骨だ、そいつは！」などと、門前払いを食うのが関の山ではないか。そんな不安を抱えながら、鳩山邦夫事務所に電話し、女性秘書に取材の趣旨を伝えると「それでは、具体的な企画書をファクスで送ってください」と、予想外の優しい応対。もしかし

インタビューに応じる邦夫氏。

て脈があるかも、と急いで企画書を送ると、なんとその日のうちに「それでは×月○日の午後に」と、インタビューが決まってしまった。やはり、昆虫愛好家に冷たい人はいないのである。

「蝶狂い」はギャンブルより強烈

こうして、秋も深まったある日、私はビデオカメラと、購入したばかりの一眼カメラを持って東京・本駒込の鳩山邸へ。周囲の豪邸とは少し雰囲気が違い、庭を囲む木々には、剪定《せんてい》による造形美よりも、自然そのものの力が感じられる。

緑あふれる鳩山邦夫邸。

秘書の方に案内されて、居間に入ると、ゆったりとソファに腰掛ける邦夫氏。その堂々とした様子に若干気押されながら、まず蝶の採集、飼育の魅力を尋ねた。すると、のっけから、「女性やギャンブルに狂うよりも、蝶狂いのほうがたちが悪い」との、くだけた話。まずは、カチカチになった昆虫記者の体と神経をほぐしにかかったのだろう。

――蝶の魅力とは何でしょう。

蝶の魅力に取り付かれるというのは、例えば女性に狂うとか、ギャンブルに狂うとか、そういうのに比べてはるかに強烈だと思います。もし、私と一緒に蝶を捕りに行ったり、飼育したりすれば、3人に1人は完全にとりこになるでしょう。

ずらりと並んだゼフィルスの王様ヒサマツミドリシジミ。

蝶部屋でカラスアゲハの蛹化を観察。

蝶部屋の壁に張り付けられたミヤマカラスアゲハの蛹。

採集はまさにハンティング、飼育はペットを飼うのと同じ。標本作りは工作であり、標本箱の蝶を眺めるのは美術であり、自然はこんな美しいものをつくるのかという喜びがある。そして、調査、飼育の結果を発表すれば、学術にも貢献しているという思いが持てる。（蝶の採集、飼育の魅力とは）そういうものの総合なんですよ。

死ぬまでに環境新党を

——蝶と環境のかかわりについてお尋ねします。

蝶というのは一つの有力な環境の指標だと思いますね。例えば、蝶がたくさんいる林道があって、その砂利道の林道を舗装した途端に、蝶の数は10分の1に減るんです。蝶の減少で、生態系破壊の様子が良く分かります。

特に里山の自然の荒廃、破壊が著しいんですよ。放置されて荒れ果てたり、ゴルフ場に変わったりと。深山幽谷の蝶はあまり減らないが、むしろ私たちの里に近い蝶が激減していくんですね。

私は長野県のあるところに、（蝶の）秘密の産地、自分だけのフィールドを持っていて、毎年そこで蝶と戯れていたんです。ところがある年行ったら、ゴルフ場ができて、涙、涙ですよ。もう悔しくて、悔しくて。

——最近の子どもたちは虫との関係が薄れていますが。

物理とか化学とかの分野でノーベル賞を取った人は、子どもの頃の趣味が昆虫採集という人が面白いほど多いんです。世界でも日本でも。昆虫採集をする中で、自然に触れて考えることが、学問の発展につながってくる。逆に言えば、今のように子どもが自然と触れ合わないと、人間のレベルがどんどん落ちていくような気がしますね。

——環境新党への思いを話してください。

環境新党をつくりたいと今でも思っています。死ぬまでにはつくりたいと。温暖化だけが環境問題ではなく、環境ホルモンとか、生態系の破壊、自然の破壊も大きな問題なんです。今は誰も訴えていない、そういうことを専門にやる、つまり子どもたちの未来の（環境の）ために頑張る環境新党があるべきだし、自分がそれをつくることができればと希望を持っています。

鳩山会館は蝶の楽園

　ここでビデオ撮影を打ち切って、しばし休憩。この先は、邦夫氏が比較的苦手とし、私の方にやや分がある甲虫分野に話をもっていこうか、などと考える。

　さらに私には、とっておきの隠し玉もあった。実は今回のインタビューの数日前、かつて邦夫少年と兄の由紀夫少年の自宅兼「蝶の採集地」だった文京区音羽の「鳩山会館」を訪れ、入館料５００円を支払ってまで、しっかりと蝶の生息状況を調査していたのだ。一般にも公開されている今の鳩山会館の蝶を、邦夫氏はほとんど知らないのではないか。一般客である私の方が条件は有利だ。やはり昆虫記者にぬかりはない。

　『チョウを飼う日々』の中では、音羽山として登場する「鳩山会館」。邦夫氏の思い出に登場する蝶は、モンキアゲハ、アサギマダラ、ヒオドシチョウ、ウラギンシジミ、ゴマダラチョウなど多彩だ。

　当時とは比べものにならないほど、周辺の自然は減ってしまったのだろうが、それでもまだ、10月末というオフシーズンにもかかわらず、アゲハ、アオスジアゲハ、ウラギンシジミ、ヤマトシジミ、セセリなど

自然豊かな鳩山会館。

鳩山会館のツマグロヒョウモン（上）と自宅で育てた幼虫（下左）、蛹（下右）。

アカボシゴマダラ春型（左、狭山丘陵にて）と夏型（右、多摩川下流にて）。

エノキでアカボシゴマダラの幼虫を探す。

の蝶が庭を飛び回っている。テラスから庭につながる石段にはツマグロヒョウモンの姿も。よく見ると、石段のくぼみに生えたスミレに産卵しているではないか。葉を裏返すと、卵と幼虫。バラの植え込みの陰の小さなエノキには、ゴマダラチョウとアカボシゴマダラの幼虫がいた。音羽山は、ほそぼそと生き残った周辺の蝶たちにとって、今もサンクチュアリ（聖域）の役割を果たしていた。

　こんな秘密情報を懐に、さてインタビュー再開である。

かつての珍蝶アカボシゴマダラも

——鳩山会館にはツマグロヒョウモンがいて、階段脇のスミレに産卵していました。

　あのスミレは、私が昔、オオウラギンヒョウモンをやたら飼っていた時の名残です。今住んでいるこの家でも、ツマグロヒョウモンはいっぱいいますよ。スミレがいつも（幼虫に食べられて）丸坊主になっていて、そこで孫が幼虫を五つ、六つ拾ってきたんです。でも家のスミレは全部食われてしまったので、仕方なくパンジー（スミレ科）を買ってきてね（笑）、今飼育しています。

——会館の庭の階段では、幼虫が何匹も踏まれて死んでいました。

　ツマグロの幼虫はよく地面を歩くからね。どこか安全な所にパンジーを植えてやればいいんだな。

——会館のエノキにはアカボシゴマダラの幼虫もいました。

　え！　鳩山会館にアカボシいるの？　どのエノキかなあ。よおし、飼育だ、飼育だ（笑）。昔は、近くでは捕れなくて、わざわざ奄美大島や徳之島まで捕りに行ったものですよ。ハブを怖がりながら。

今年からは、この家でもエノキに幼虫が付き始めて、今15匹ばかり飼っています。孫も1匹見つけてね。ところで、幼虫はもうそのまま越冬ですかね。

——越冬した後の春型の蝶は大きくて、夏型と模様も全く違いますよね。

アカボシを標本箱にいっぱい並べたら、きれいだろうね。よし、これから一生懸命飼育しますよ。

お孫さんはカブトムシも好き

——カブトムシとかに興味はなかったのですか。

実は、クワガタ狂になる機会はあったんだよ。子どもの頃は、軽井沢の別荘に毎年1カ月ぐらい行っていて、夜に電気をつけて食事をしていると、網戸にバンバン、クワガタが来ましたね。でも、当時の花形はやっぱり蝶だったんですね、今と違って。だからですかね(甲虫でなく、蝶マニアになったのは)。

逆に言うと、私の弱点は蝶しか知らないことなんですよ。オサムシだ、クワガタだ、カミキリだと、何でも詳しい人、例えば奥本大三郎先生みたいな人はうらやましいけど、私は蝶しかできないんだ。

だけど、孫がね、5歳なんだけど、もう、いろんなものを捕ってくるんだね。孫はカブトムシも好きで、誰かからもらったカブトを大切に飼育していたから、いっぱい卵を産んで、幼虫がいっぱいできたんです。

その幼虫を飼って、来年何十匹も成虫が出てくるように、私が庭にカブトムシ小屋を作りました。今は孫のために、カブトムシを飼っています。

お孫さんのために作ったカブトムシ養殖場。

お孫さんが庭で見つけた蝶も標本に。

都心の公園でもよく見かけるコミスジ。お孫さんが捕まえたのはこの蝶。

——虫好きは遺伝しますか。

　娘が蝶を1年ぐらいやったことがあったけれど、（5歳の孫は）その子どもだから、多少はDNAがあるかなと思う。あのね、孫は去年、コミスジを捕ってきたんだよ、この庭で。それで、探したら雌もいて、フジに卵を産ませて飼育しました。コミスジなんてあまり飼育しないでしょ。普通種だからね。

——環境教育のため蝶を飼育させるべしと説いていますが。

　生きているものはみんな、一つの生態系としてつながりを持っている。今の子どもたちは、人工物の中で育っているから、それが分からない。そうなると人間性も育たないし、環境問題の本質も分からない。

　そういう意味で私は、昆虫採集をやることで、環境問題が100%理解できるようになると思いますね。

蝶の食草に囲まれた庭

　インタビュー終了後、邦夫氏に庭と蝶部屋を案内していただいた。庭の植物は、ほとんどすべてが蝶の食草、食樹。たとえば、ミカンはアゲハ用、カラスザンショウはミヤマカラスアゲハ用、イチイガシは最近飼育に熱を上げているゼフィルス（樹上性シジミチョウ）の王様ヒサマツミドリシジミ用、ヤナギはコムラサキ用といった具合だ。

　おいしそうなパセリもキアゲハを呼ぶ目的を兼ね備えている。お孫さんのためのカブトムシの幼虫飼育小屋には、クワガタの姿もあり、産卵用に朽木が埋められていた。

イチイガシはヒサマツミドリシジミの食樹とのこと。

ゼフィルス飼育のためのコナラの幼木。

蝶部屋で紹介してもらった最新の標本は、希少種のヒサマツミドリシジミ。そして、あの超普通種のコミスジだった。お孫さんお気に入りのコミスジが、ゼフィルスの最高峰ヒサマツミドリシジミと同格に扱われているところに、同じ趣味を共有する孫への熱い期待と深い愛情が感じられる。

『チョウを飼う日々』の中で私の記憶に刻まれた文章がある。それは、こんな内容だ。

「だが、私たちもそろそろ気付かねばならない。チョウやムシたちにとってまことに住みにくい環境は、人類そのものの生存を脅かす存在になりうることを。そして人類が地球上の唯一の支配者としての驕りを持ち続けるならば、いつか強烈なしっぺ返しを受けるであろうことを」

こうした思いを邦夫氏が今も持ち続け、より差し迫った問題と感じていることが、今回のインタビューで強く印象付けられた。「死ぬまでに環境新党を」という思いは、お孫さんの時代にも、その子どもたちの時代にも、自分が愛した蝶を、自然を、そのまま残したいという切なる願いと重なり合っているような気がした。

六義園で見つけました。

ミナミトゲヘリカメムシ。

ヤブガラシの花に集まるアオスジアゲハ。

ツバメシジミ。

アカボシゴマダラ（上）とゴマダラチョウの幼虫。背中の突起の数とお尻の先の形が違う。

鳩山邦夫氏の本！

『チョウを飼う日々』
（講談社、1996年）

人生の3本柱を政治・蝶・料理と考えているという。環境破壊で蝶のすみかが失われている中、蝶の飼育は義務であり、使命である。どんな種類でも絶滅させてはならない。蝶に捧げる氏の愛情がひしひしと伝わってくる。

「虫ガール」の憧れ　メレ山メレ子さん

ブサ犬「わさお」の名付け親は、昆虫写真もプロ級

伝説のブロガー

「メレ山メレ子」さんは、ブログ『メレンゲが腐るほど恋したい』でブサカワ（不細工過ぎてかわいい）犬「わさお」を世に出した伝説のブロガーとして知られる。しかし、彼女のプロフィールを飾る「虫をわしづかみにするワイルドさ」という側面も、要注意だ。

待ち合わせ場所に現れたメレ子さん。

大物昆虫写真家が、彼女のベトナム旅行記に触発されて撮影に出かけたという話も聞いた。

メレ子さんは、増殖しつつある「虫ガール」たちの憧れの存在であり、著名な虫おじさんたちからも注目される若手昆虫写真家・随筆家・ブロガーでもあるのだ。

メレ子さんには独特の視線がある。常人が気付かずに通り過ぎるようなものの中に、面白さを見つける才能がある。青森県の鰺ヶ沢で出会った白い毛がモジャモジャの「犬としてもギリギリな感じ」の秋田犬に、勝手に「わさお」と命名。これがきっかけで、わさおのテレビ出演、写真集出版、映画化と怒濤《どとう》のような「わさおブーム」が始まった。

ブサ犬「わさお」（メレ山メレ子さん提供）。

いずれ、メレ子さんが注目する変な昆虫の変な側面

が、変な命名とともにブームを起こすことを、私はここに予言しておく。

そんなメレ子さんを昆虫記者が見逃すはずはない。ブログで切って捨てられる危険を覚悟の上で、今回の多摩動物公園・昆虫園での取材を敢行した。

黄金の蛹

多摩の昆虫園を選んだのは、私が子どもの頃から何度も訪れており、地の利があると踏んだからだ。しかし、メレ子さんのブログを読み返してみると、なんと既に2006年に昆虫園を訪れ、オオゴマダラ（蝶）の黄金の蛹《さなぎ》を「この世のものとは思えない」ステキ虫として紹介。私が「これすごいでしょ」と自慢したかったものは、既に過去記事として片付けられていた。

メレ子さんは、その後何度も昆虫園を探索しており、私が先輩面できる場面は全くなさそうだ。

待ち合わせ場所に現れたメレ子さんは、小柄でかわいらしい印象。しかし、昆虫によく見られる擬態の可能性もないではない。

まずは小手調べに、おなじみのオオゴマダラの蛹を撮影。敵に発見されないよう目立たずに羽化の時を待つのが蛹の常なのに、なぜここまで輝くのか。

次はツマベニチョウの幼虫。「どう見ても爬虫類《はちゅう》系」というのがメレ子さんのご意見。確かに、言われてみ

昆虫園大温室を見下ろすオオゴマダラ。

オオゴマダラの幼虫。

金色に輝くオオゴマダラの蛹。

トカゲに似たツマベニチョウの幼虫。

れば緑色のトカゲのように見える。そして大温室に入ると、もうどこもかしこも蝶だらけ。息子を含め3人でシャッターを切りまくり、いつものように、取材はそっちのけに。

「やってました、アブラムシ採集」

幼虫の食樹であるホウライカガミに群がるオオゴマダラは、人が近寄っても逃げようとしない。虫が人慣れしているのが、昆虫園のいいところ。葉裏に産卵している様子をパチリ。ついでに葉裏の卵もパチリ。

雌（赤い紋がある）をめぐるシロオビアゲハのバトル。

シロオビアゲハ、リュウキュウアサギマダラ、リュウキュウムラサキなど、南方を代表する蝶が乱舞する中で、バッタ、コオロギなど誰も注目しない脇役にも敬意を払うところが、さすが大物ブロガーのメレ子さん。主役だけでは劇は成り立たないことを知っている。

スジグロカバマダラ。

大温室内で見つけたマダラチョウの仲間の幼虫。

よく見ると、イナゴも、カマキリも、トノサマバッタもみな、普通のものとかなり違った様子。コオロギは羽に黄緑色の模様が入っており、南国の匂いがする。そして、木の枝に擬態しているらしいナナフシ系の怪しげな虫まで発見した。

昆虫記者と、虫好きブロガーにとって、ワンダーランドと化した昆虫園。しかし、記者たる者、時にインタビューのジャブを繰り出すことも忘れない。

息子が幼稚園児の頃、同じ組に、テントウムシの幼

ナナフシ系の怪しい生物を撮るメレ子さん。

虫を育てるため、餌のアブラムシを捕まえているという女の子がいた。そんな驚愕《きょうがく》の逸話を紹介すると、メレ子さんは「あ、私もやってました。誰でも一度は通る道ですね」と事もなげな様子。とてつもなく変わった女の子の話をしたつもりだったのだが、二の句が継げなくなった。

昆虫写真の大家も絶賛

メレ子さんは、サソリ、毒グモなどゲテモノのコーナーでも全く動揺する気配がない。オーストラリア産の巨大なヨロイモグラゴキブリを前にしても「ここまでくれば立派。日本のこそこそしたゴキブリとは別の生き物ですね」と冷静な解説。

「最近初めてワモンゴキブリを発見した」とか「沖縄の宿でも、窓に大きいのが張り付いていた」とか、ゴキブリの話でも花が咲く。手ごわい相手だ。次はウ

大きいものは10センチ近くになるというヨロイモグラゴキブリ。

毒グモ・タランチュラ。

トノサマバッタの大集団。

ジャウジャ群れるトノサマバッタ。気弱な少女なら「ウギャー」と悲鳴を上げるそんな光景にも、メレ子さんは、嬉々としてカメラを構える。

こんな沈着冷静なメレ子さんだが、昆虫写真家の草分け的存在の海野和男さんから賛辞を贈られた時には、さすがに感動したという。

以下は、海野さんのブログ『小諸日記』からの引用である。

「ことのはじまりは先月末に、メレンゲが腐るほど恋したいというWEBにたどり着いたことだった。その方の写真が素晴らしく、居ても立ってもいられなくなり、その翌日にはもう（ベトナム行きの）予約を入れていたという次第」

交尾するタテハモドキ。

海野さんが見つけたのは、メレ子さんがベトナム旅行記に掲載した蝶の大群の写真だ。私もこれを見た時には息をのみ、つい、われを忘れて虫嫌いの妻に「一生に一度は、こんなのが見たい、ベトナムに行きたい」と泣きついたほどである。

『小諸日記』の記述に興奮したメレ子さんは海野さんにメールを送信。すると、海野さんからメレ子さんに「写真を見た誰かがそこへ行きたいという写真です。蝶のマニアでは撮れない写真だと思います」という返信が届いたという。

生まれてこの方、先生にも上司にも、そして妻にさえ、ほとんど褒められた覚えのない私なぞは、こんな言葉を贈られたら、男泣きしてしまうことだろう。

カマキリとの対決

海野さんの昆虫写真が素晴らしいことは、誰もが認める。しかし、メレ子さんの写真には、確かにプロの昆虫写真にはない魅力、どうしてもその場所に行ってみたいと思わせる楽しさがある。

そして、虫、犬、猫、魚など、いろいろな生き物との会話がまた、ブログの読者をうきうきさせる。採集の対象としての虫ではなく、研究の対象でもなく、話し相手、けんか相手としての虫という、新しいジャンルの虫の世界がそこにある。以下はブログに掲載された会話の一例。

——お！　カマキリの交尾発見！

カマップル：「見ちゃらめぇぇぇぇ」

——メスの首筋に顔を寄せたオスの目線がセクシー。

カマ男：「デバガメは切り裂くぞ…」

——ブフー、お前らの攻撃などまさに蟷螂《とうろう》の斧《おの》…って言うかカマ男、その行為が終わったあと何があるか知っとるか？

カマ男：「えっ？…カマ子ちゃん、何言ってるのこの人…？」

カマ子：「うるさい！　子づくりに集中しろ！」

私も目撃したことがあるが、カマキリの雄は、交尾の後、雌に食われてしまうことがよくある。何も知らないカマ男の運命やいかに。

宿題はフンコロガシ

メレ子さんのブログの中心は旅。虫はサイドメニューである。しかし、虫大好きブロガーとして、これだけはどうしても押さえておきたいというこだわりはある。メキシコにあるというオオカバマダラの集団

多摩動物公園の
隣の一生公園で
見つけました。

イモムシの糞に見えるツツジムシクソハムシ。

ヤマイモの葉を巻いて隠れているダイミョウセセリの幼虫。

緑に輝くアオオサムシ。

シロオニタケ。見た目はきれいだが毒がある。

越冬地。そして、ファーブル昆虫記の主役であり、エジプトの神でもあるフンコロガシ（タマオシコガネ）がそれだ。

ファーブルの採集地であった南仏では、フンコロガシが激減していると言われており、事は急を要するようだ。

メレ子さんにはぜひ、映画「わさお」続編に出演して薬師丸ひろ子のようなスターになり、女性の昆虫趣味を全国区に引き上げてもらいたい。それは、メレ子ファンの昆虫記者のかなわぬ夢であろうか。

しかし、メレ子ファンは私だけではない。少なくとも昆虫園の蝶たちは、メレ子さんのことが気に入ったようで、向こうから寄ってくる。手の上、頭の上、カメラの上に、そして最後には、メレ子さんの仲間と判断したのか、私の眼鏡にまでじゃれ付いてきた。

「あれ、この黄色いつぶつぶは何」。カメラの上に二つ、眼鏡の上に一つ。モンキアゲハの卵が産み付けられていた。蝶たちも、虫好き人間の匂いを嗅ぎつけ、この人たちなら、きっと子どもを育ててくれると判断したに違いない。

メレ子さんのカメラにも蝶が。

メレ山メレ子さんのブログ！

『メレンゲが腐るほど恋したい』
http://d.hatena.ne.jp/mereco

とにかくブログをのぞいて見ることをお勧め。メレ子さんの世界にはまってしまうこと、間違いなし。

なんじゃこりゃ!? の虫図鑑③

小さな体に似合わず
太いひげ
（ヒゲブトハナムグリ）

裏返すと
怪獣ピグモン
（トホシテントウの幼虫）

首を長くして
何を待つ
（ヒゲナガオトシブミ）

イモムシなのに
鹿の角
（アカボシゴマダラの幼虫）

羽のように
広がったひげ
（ヒゲコメツキ）

日本一長い口
（ツバキシギゾウムシ）

緑のキティー
（ヒカゲチョウの幼虫）

突き出した牙
（アリグモ）

なんじゃこりゃ!?の虫図鑑④

長い針をブスリ
（オナガバチの仲間）

びっくり目玉
（アケビコノハの幼虫）

火星人襲来
（コガネヒメグモ）

尻に花咲く陽気な蛾
（ワタヘリクロノメイガ）

昼寝が趣味の
シジミチョウ
（コツバメ）

棒になり切った
超細長いクモ
（オナガグモ）

体震わせ
威嚇ポーズ
（フクラスズメの幼虫）

さらにディープな昆虫の世界

その3

タマムシ、ゼフィルスなど憧れの美麗虫から、
毒虫、イモムシ、真冬の羽なし蛾まで、
マニアックな世界をとことん追求。

昆虫記者 vs 毒虫

知っておけば何かと役立つ危険な虫の話

チャドクガとの対決

毒虫と言えば、真っ先に思い浮かぶのは、毛虫である。毒を持つ毛虫は、ドクガ（毒蛾）、イラガ（刺蛾）の幼虫などごく少数だが、その攻撃が強烈なだけに、他の多くの善良な毛虫たちも汚名を着せられ「キャー、毒毛虫！」と世の女性たちを震え上がらせることになる。

しかも、最近は都会にも毒毛虫のテリトリーが拡大。森に入らなければ大丈夫というわけにはいかない。都会で最も警戒すべきドクガの仲間「チャドクガ」の毛虫は、どこの街角にもあるサザンカ、ツバキの生垣に潜んでいる。

いつも群れているチャドクガの幼虫。

まずは、記憶に新しい昆虫記者対チャドクガの対決シーンを振り返ってみよう。東京・千代田区の歩道脇のツバキ。子どもでも手の届くような位置に、小さな毛虫の集団を発見した。一塊になって葉を食べるその

チャドクガの成虫。毒虫にしては地味な装い。

姿は毎年どこかで目にするが、恐怖感はいつまでたっても克服できない。

ドクガの仲間の武装は手が込んでおり、幼虫、繭、成虫のすべてが毒毛の鎧を身にまとっている。毒毛を生やすのは幼虫だけだが、幼虫時代の名残の毒毛を成虫も持ち歩き、卵までその毒毛で覆うという念の入れようだ。

敏感肌の昆虫記者は、近くに寄ることすらできない。ツバキの葉に群がる毛虫は大集団だが、こちらは一人。この時も恐る恐る遠くから、望遠レンズで撮影するのがやっとで、多勢に無勢と言い訳して、早々に現場から退散した。この対決は、完全にチャドクガの勝利と言わざるを得ない。

キドクガの逆襲

しかし、そんな用心深い昆虫記者も、つい油断して致命的な痛手を負うことがある。神奈川県の金沢自然公園で冬越しの虫を探していた時のことだ。妻が頭上の枯れかけたクズの葉裏にきれいな色のキドクガの毛虫を発見した。私の頭の中では一瞬「キドクガの幼虫→危険→逃げる」という思考回路が働いた。

しかし、結局は「相手はたった1匹であり寒さで活動も鈍い→状況は圧倒的に有利→妻と息子の前で勇気を示すチャンス」という逆方向の論理が優勢となり、敵に真下から接近し、マクロモードで写真を撮った。「ほら、この背中のコブを見てごらん。これがドクガの特徴さ」などと、自慢げに息子に画像を見せる。

キドクガの小さな毛虫が反撃に転じたのは、その数十分後、帰途の車内であった。愛車フィットを運転していた記者は、首筋に虫の気配を感じた。片手で取り払おうとすると、その虫はセーターの袖口に張り付いていた。キドクガだ。さっき見たやつには仲間がいたのだ。

愛車の中でようやく発見したキドクガの幼虫。

それが撮影中に頭の上にでも落ちてきたのだろう。手の甲に迫る毛虫を、反対の手の爪先であわてて弾き飛ばした。後ろの席の妻と息子はこの大事件にまだ気付いていない。

家に帰り着いてから、車内を探したが、夕暮れの薄暗さの中で毛虫は見つからない。黙っていようかとも思ったが、首筋の赤く痛がゆい腫れは隠せない。正直に妻に告白すると「絶対に見つけなさい。見つけて殺しなさい。それまでは、車は使わせませんから」とピシャリ。

翌朝、隅から隅まで探し回り、ハッチバック・ドアの窓枠にへばり付いているのを発見。ちり紙で慎重につまみ上げ、記念撮影した後、駐車場裏の空き地に放してやった。もちろん妻には「退治した」と報告した。

ドクガ類の毛虫に刺された時の正しい応急措置は、粘着テープで毒毛を抜き取ることだ。それから、せっけんをよく泡立てて軽く洗い、シャワーで流す。かゆくても、決してかいてはいけない。かくと毒毛がさらに食い込んで治りにくくなるという。

適切な処置により、首の負傷は数日で癒えたが、キドクガとの戦いもまた、惨敗という結果になった。

美しき電気虫との遭遇

次はイラガの幼虫、通称「電気虫」の話である。

枝を下げて写真を撮ろうとした時、右手首脇にビリビリと……イラガに刺されたー。電気虫とも呼ばれるイラガ。
刺されたのは初めてだが、
ほんとにビリビリという感じ。
下を見るといました!
ひゃー、きれい!!
ウミウシそっくりの華やかさで、
刺されても許したくなる美しさ。

この被害者は、私ではない。ブログ「虫目で歩けば」の鈴木海花さんだ。時々お目にかかって、毒虫被害を自慢し合ったりしているが、自分を刺した虫の美しさに見とれるというのは、さすがと言わざるを得ない。

やはり、この境地に達しなければ虫を語ることはできないのだ。

海花さんを襲った毛虫は、恐らくヒロヘリアオイラガの幼虫。仲間のイラガ、タイワンイラガなどの幼虫も、負けず劣らず美しい。また、イラガの繭も、陶器の壺のような芸術的な趣があり、スズメノショウベンタゴなど珍妙な名で呼ばれることもある。

成虫が出た後の、上部に穴があいた繭が、小さなタゴ（おけ）のように見えるからなのだそうだ。こうした話を聞くと、なお一層親しみが湧き、一度ぐらい電気虫に刺されてみてもいいかな、と思えてくる。

ウミウシに似ているヒロヘリアオイラガの幼虫。

タイワンイラガの幼虫。デザインとしては美しいが要注意。

空になったイラガの繭。スズメノショウベンタゴと呼ばれる。

かわいい顔して実は毒虫

いかにも毒がありそうで、危険そうな虫は、あえて触る人もいないので、ある意味安心できる。あまりありがたくない虫、アオバアリガタハネカクシは、小さいながら毒々しい装いだし、毎年死者を出すスズメバチは、見るからにどう猛そうであり、素手で捕まえようなどと考える人は、まずいないだろう。

余談ながら、昆虫記者の夏の装いは白ずくめだ。スズメバチに黒っぽい服は禁物。黒い部分を狙って攻撃してくると言われているからだ。夏の野山では、暑さ対策とスズメバチ対策を兼ねて、「カモメの水兵さん」の歌さながらに

アオバアリガタハネカクシ。名前に反してありがたくない毒虫。

樹液に集まるオオスズメバチ。

アオカミキリモドキ。かわいいけれど実は有名な毒虫。

「白い帽子、白いシャツ、白い服」が望ましい。

しかし、すべての毒虫がスズメバチのように悪人面をしているわけではない。かわいらしくて、毒などありそうもないやつも中にはいるから、要注意。その代表がアオカミキリモドキだ。

夏休みに宮崎に帰省した折のこと。火傷した覚えもないのに、ふと気付くと腕に大きな水ぶくれが。といっても被害者は私ではなく息子だ。

早速、犯人捜しに乗り出すと、素知らぬ顔で畳の上にいたのは、色もきれいでかわいらしいアオカミキリモドキ。灯火に寄ってくるので、家の中にもしばしば侵入してくる。

子どもが捕まえたり、気付かずに押しつぶしてしまったりすると、カンタリジンという毒を含む体液が放出され、炎症を引き起こす。

暗殺にも使われたツチハンミョウ

そして最後はツチハンミョウ。ツチハンミョウを見ると、カフカの『変身』を思い出す。主人公グレーゴル・ザムザがある朝目を覚ました時、巨大な毒虫になっていたという、あの小説である。

黒光りして、動きが鈍いツチハンミョウが、グレーゴルの化身に見えるのは私だけだろうか。春先に地面をうろついているのを何度か見かけたが、これまでは、本能的に接触を避けてきたような気がする。しかし、

ヒメツチハンミョウ。雄は触角の形が独特。

ヒメツチハンミョウ。雌の腹部は卵でパンパン。

それでは昆虫記者の名がすたる。今度こそは、捕獲し、観察して勝利を収めるのだ。

この仲間の毒は「斑猫《はんみょう》の粉」という毒薬として、古くから暗殺、謀殺用に使われていたというから、かなり強力なようだ。

ちなみに、宝石のような美しさを持ち、人の歩く少し先を飛んでは止まり、止まっては飛んで移動する習性から「道教え」の名がある「ハンミョウ」は、全く別の種で無毒だが、誤解されて敬遠されたり、毒薬用にすりつぶされたりした迫害の歴史があるのだという。

毒虫の代表ツチハンミョウは、いるところには山ほどいるが、どこにでもいるわけではなく、東京都内ではほとんど見かけない。それは、この虫の奇妙な生態と無関係ではないだろう。

宝石のようなハンミョウ。毒虫と誤解されることも。

ツチハンミョウの仲間の幼虫は、孵化するとすぐに草花によじ登る。花にやって来るハナバチの体にしがみ付き、巣まで運んでもらい、そこに住みつくのだ。そして、巣の中で、ハナバチの生んだ卵や蓄えた蜜、花粉を食べて成長する。

いったい誰が、こんな奇妙な生態を解明したのか。それは、昆虫記で有名なあのアンリ・ファーブルである。ファーブルゆかりの虫となれば、なおさら、ツチハンミョウに愛着が湧いてくる。

脚の関節から毒液

今回のツチハンミョウとの対決の地は千葉県南房総市にある秘密の産地。これほど多産する場所を私は他に知らない。繁殖期の4月に行ってみると、尾根道や見晴らし台など至る所に、奇怪な姿が。あるものは散歩中、あるものは交尾中、あるものは産卵中と、わが物顔に振る舞っている。

1匹ピンセットで捕まえてみると、幾つもの脚の関節から、黄色い毒液を出して反撃を試みる。しかし十分な予備知識を持つ昆虫記者はひるんだりせず、じっくり観察。こうして久々の勝利に酔いしれていると、近くで「ウギャー」という息子の悲鳴が。

1匹のツチハンミョウが果敢にも、息子のズボンによじ登ってきたのだ。息子はじたばたして、何とか毒虫を振り落としたが、近くでワラビ摘みをしていた妻は、慌てて息子に駆け寄ると、私をキッと睨みつけ、現場からの即時撤退を指示したのであった。

しかし、ここで無条件降伏するわけにはいかない。私は妻の目を盗んで3、4匹のツチハンミョウをプラケースに詰め込み、自宅に持ち帰った。それからしばらくの間、わが家のベランダの小さな水槽の中で、ツチハンミョウたちがうごめいていたという事実に、妻はまだ気付いていない。

こうして日々増えていく夫婦間の秘密は、いつの日か、毒虫の毒以上の悲劇を一家にもたらすのかもしれない。

関節から黄色い毒液を出すヒメツチハンミョウ。

タケノホソクロバ。笹やぶを歩く時は注意。毒毛に触れると痛がゆくなるという。

ヒサカキの生垣に多いホタルガ幼虫。あいきょうがあるが、分泌する体液には毒がある。

美しい毛並みのヒメシロモンドクガの幼虫。ドクガの仲間だが毒はほとんどないとされている。

マイマイガの終齢幼虫。ドクガの仲間だが終齢には毒はないという。硬い毛はチクチクするので触らない方がいい。

マメハンミョウ。花の上で後尾する姿は可憐だが、毒は強烈だ。

マツカレハ。銀色の毛並みは美しいが、毒毛で刺されると激痛があるという。

「イモムシ・ワールド」入門

蛾マニア女子、多岐理さんもお勧め

イモムシを観賞する人々

今、イモムシが静かなブームになっている。イモムシの写真本が結構売れている。女性もかなり買っているらしい。これまで昆虫マニアにとってイモムシは、捕まえて蛹《さなぎ》にして羽化させ、傷一つない完璧な蝶や蛾の標本を作るための存在でしかなかった。しかし、時代は変わった。イモムシそのものを、かわいい、面白いと観賞する人々が増えている。

旧世代のマニアに属する昆虫記者も、時代に取り残されてはいけないと、井の頭公園周辺での観察会に参加した。

講師は日本昆虫協会理事で『庭のイモムシ・ケムシ』の著者の川上洋一氏、「みんなで作る日本産蛾類図鑑」サイトの共同管理人である阪本優介氏という強力な布陣である。さらに、昆虫記者が「えっ！　ま、ま、まさか」と思わず叫んでしまう奇跡の出会いも。駅前に集まった集団の中に、蛾マニアの女子大生として一世を風靡《ふうび》した、憧れの「川上多岐理さん」の姿を見つけたのだ。

探検帽が似合う川上洋一氏。

数年前に彗星《すいせい》のごとく現れ、テレビでも活躍していたが、ある日突然、ネット上からも姿を消してしまった多岐理さん。何と洋一氏の娘さんだったのだ。今は

多岐理さん発見。

「充電期間」でこうしたイベントに参加するのも実に久しぶりというから、やはりこの巡り合いは、日ごろの善行が呼び寄せた奇跡である。

一人興奮する昆虫記者に、「この人何者？」と疑惑の目を向ける一般参加者。そして、何事もなかったかのようにツアーは始まったのであった。

新鮮な糞が目印

井の頭公園駅に集合した以上、当然、公園が観察のメーンステージと思っていたが、一行は公園の端を通ってすぐに住宅街へ。「あれれ。一体どこへ」と戸惑う人々。そこでようやく、テーマが「庭のイモムシ」という、とんでもないものであることを思い出す。

そうなのだ。住宅街の生け垣や、路地の雑草に付いているイモムシが、このツアーの重要なターゲットだったのだ。

多岐理さんが発見したコスズメ。

茶色型のコスズメ。

大型のイモムシは、黒光りする新鮮な糞《ふん》が目印。住宅街のアスファルトの地面は、糞を見つけやすいという利点がある。多岐理さんがまず、路上の糞を頼りに、ヤブガラシの葉裏にいたコスズメの幼虫を発見。さすが、蛾のプロフェッショナルだ。

黄色と黒のタイガースカラーが魅力のトビイロトラガの幼虫。

続いて「おお、これは上物ですね」と洋一氏。相手は石垣のツタにいたトビイロトラガ。タイガースファンが喜びそうな虎柄（ヒョウ柄？）の配色が「上物」の理由なのか。初心者の私の感覚を超えた世界がそこにある。

その後、一行は玉川上水沿いの小道へ。やっと、緑の多い世界に入ったが、それでも片側は住宅地だ。あくまで、住宅街の庭にこだわるツアーである。

多岐理さんが、どこからか捕まえてきたツヅミミノムシは子どもたちに大人気。このヒョウタンのような形の隠れ家の住人は、正式名称マダラマルハヒロズコガという舌をかみそうな蛾の幼虫。顔を出しては引っ込める動作を繰り返し、じりじりと家を引っ張りながら前進する。

怪談皿屋敷とお菊虫

ヤマイモ科の葉っぱの端を小さく折り畳んで、隠れているのはダイミョウセセリの幼虫。大柄なくせに、見つかると恥ずかしそうなポーズをとるのはサザナミスズメの幼虫だ。

多岐理さんの手のひらでミノから顔を出すツヅミミノムシ。

サザナミスズメの幼虫。恥ずかしがっているようなポーズ。ネズミモチに多い（板橋区にて）。

エノキにいる外来種のアカボシゴマダラと、純国産のゴマダラチョウの幼虫を比べてみるのも面白い。腹脚（頭近くの3対の足の後ろにある吸盤状の腹部の足＝蝶、蛾では普通4対）が妙に多いイモムシがいたら、それは原始的なハチの仲間、ハバチ類の幼虫なのだそうだ。

こうしたトリビア的知識を振り回し、「あ、それハチだから放っといて」などと、言い放つのも格好いい。

そして、クライマックスに登場したのは、ジャコウアゲハの幼虫。幼虫の姿も異様だが、蛹はさらに不気味だ。では暑さしのぎに怪談話を一つ。

ここは番町皿屋敷。古井戸の底から「1枚…2枚…」と皿を数えるお菊の声。井戸の周りには、後ろ手に縛られて身もだえるお菊の姿そっくりの奇怪な虫がたくさん張り付いている。その虫は、井戸に身を投げたお菊の霊が姿を変えたものだった…。おお恐！

「お菊虫」と呼ばれるジャコウアゲハの蛹は、家の

お菊虫と呼ばれるジャコウアゲハの蛹（上）と幼虫（下）。

軒下など雨をしのげる人工物に付いていることが多い。幼虫は、餌となるウマノスズクサが冬には枯れてしまうので、蛹になる前に草むらから近くの廃屋や古井戸へと移動。そこで不気味な蛹に変身する。昆虫採集に興味のなかった江戸市民には、この不思議な虫が古井戸からはい出たお菊の霊に見えたのだろう。

マメドクガとチャウチャウ犬

怪談の後は、明るい小学校の教室を借りての、洋一先生の授業である。ここで洋一氏がプラケースから取り出したのは、フクラスズメとマメドクガの幼虫。手で触れようとすると、激しく頭を振って威嚇するフクラスズメの行動に歓声が上がる。

そして、さらに意外だったのは、イモムシではなく、毛虫の代表のようなマメドクガが、女性たちの間で「かわいい、かわいい」と大騒ぎになったこと。

多岐理さんに至っては、こいつを手に載せ、腕にはい上がらせて、平気な顔だ。背中にふさふさした茶色の毛を突き立てた姿は、毛むくじゃらのチャウチャウ犬に似ているようでもあり、かわいいと言えないこともないが。「うーん」。やはり、流行に乗り遅れている昆虫記者であった。

洋一氏によれば、蛾の幼虫の場合は、専門家でも「たぶん何々」とか「何とかの仲間」とかしか答えられないものも多い。日本の蝶は約２５０種だが、蛾は約６０００種にも上るから、素性の分からない幼虫が多いのも当然。確実に判定するには「飼って成虫にするのが一番」

大人気になったマメドクガの幼虫。

というのが、洋一氏のアドバイスだ。しかしこれを忠実に実行するうちに、昆虫記者宅のように、イモムシ入りのプラケースが激増し、妻の機嫌が悪い日も確実に増えていくのである。

重量感あふれるスズメガの幼虫

ぜひイモムシを飼ってみたい。そんな人がいたならば、蛾ならスズメガ類をお勧めする。大きくて見つけやすい上、種類が比較的少ないので判定も容易だ。ヘビそっくりのビロードスズメ、ずらりとならんだ眼玉模様が鮮やかなセスジスズメなどは、「芋虫」の名にふさわしい重量感も備え、十分観賞に堪える存在と言える。

ツタ、ヘクソカズラ、ヤブガラシなど、どこにでもある雑草を食べるので、都会の公園で人々を「ギョッ」とさせる巨大イモムシは、たいていこいつらである。

そして蝶ならアゲハ類。アゲハの仲間の幼虫は、刺激を受けると、頭の上から肉角という臭いのある柔らかい角を出す。これが面白くてイモムシを突っついてばかりいる悪童もいるが、肉角はアゲハにとっては敵から逃れるための非常手段。結構体力を使うようなので、しつこくいじめてはいけない。

ウラギンシジミの幼虫も同じような行動で知られるが、こちらは何とお尻の2つの突起から、毛の束のようなものを出して、タンポポの綿毛のように開いて振り回す。

ウラギンの幼虫は小さいので、刺激するのは

セスジスズメ。大きくなると若干不気味。

クロアゲハの幼虫。赤紫の肉角が緑に映える。

クズの葉にいたウラギンシジミの幼虫。角のある顔のようなところは、実はおしり。

あめ色の肉角を出すアオスジアゲハの若齢幼虫。クスノキ、タブノキに多い。

癒し系のキアゲハの幼虫。

クスサンの幼虫。シラガタロウと呼ばれる。

フタトガリコヤガ。フヨウなどで普通に見かけるきれいなイモムシ。

芸術的模様のカラスアゲハの幼虫。

ヤママユガの幼虫。

スミナガシの幼虫。ナメクジ系。

ホソバシャチホコの幼虫。胸元の色づかいが見事。

マダラツマキリヨトウの幼虫。シダの葉に擬態する。

さらにかわいそうで、昨年飼った幼虫では綿毛を見ずじまいだった。「でも、今年は見てみたい。ちょっとだけ」。昆虫記者の精神年齢は悪童と同じである。

イモムシ美人コンテスト

そして、日本一美しいイモムシの栄冠は誰の手に。キアゲハ、アサギマダラ、アオバセセリなどの名がよく挙がるが、昆虫記者は独断と偏見でアサギマダラを選ぶ。

　まず、アオバセセリの幼虫は、木の葉を巻いた巣の中に隠れていることが多く、暗い性格なので推薦できない。キアゲハの幼虫は、時々ホームセンターのパセリや畑のニンジンでゲットできるという庶民性が気に入らない。

　これに対し、アサギマダラの幼虫は、堂々としているし、ホームセンターや畑をうろついていることもない。小学生のころ図鑑で見た、組みひものような鮮やかな色彩と造形は目に焼き付き、初めて実物を見た時の興奮は今も忘れられない。

アオバセセリの幼虫。普段は葉を巻いた巣に隠れている。

美人コンテスト常連のアサギマダラの幼虫。

『庭のイモムシ・ケムシ』
文・構成　川上洋一
（東京堂出版、2011年）

　一般の家庭で見られる140種の幼虫・成虫を詳しく解説。イモムシ・ケムシからはその食樹や食草を、樹木や草花からはそれを餌にするイモムシ・ケムシを調べることができる。思わずジャケ買いしたくなる1冊。

昆虫記者、蛾の罠にはまる

「ライトトラップ」の魅力

蝶をチョウ越する蛾の造形美

今回は蛾である。なぜか嫌われ者である。蝶は好きだが蛾は嫌いという人も多い。しかし、蝶と蛾の区別は、あまり明確ではない。鱗翅《りんし》目の膨大な種のうち、ごく一部の昼行性の小ぎれいな仲間を蝶と呼び、それ以外を蛾と呼ぶ程度の違いである。それなのに、夜行性で体が太く触角が不気味などと因縁を付けて、蛾を差別するのは不当だ。

特に女性の多くは、なぜか蛾が苦手だ。そんな中で、数少ない蛾マニア女子と言えばこの人。先日のイモムシ観察会で偶然出会った川上多岐理さんだ。小学校で頭角を現し、4、5、6年生の時には、「蛾・大研究」パートⅠ、Ⅱ、Ⅲで日本昆虫協会の夏休み昆虫研究大賞を3年連続で受賞。同協会のファーブル賞の初受賞者ともなった。

ゴキブリに彩色を施したようなビロードハマキ(左)とハチに擬態したコスカシバ(千代田区にて)。

なぜ蛾なのか。多岐理さんは「蝶は薄っぺらで、形態や模様も単純」と切り捨てる。確かに、蛾の形態は、多種多様だ。ハチそっくりのスカシバ、落ち葉のようなアケビコノハ、ジェット機を思い起こさせるセスジスズメ、ゴキブリに極彩色を

羽の表は枯葉そっくりのアケビコノハ（中央区で採集）。

施したようなビロードハマキ、長過ぎるひげを立たせてヒョコヒョコとひょうきんな飛び方をするヒゲナガガ。それに比べれば、蝶の形は、ほぼワンパターンだ。

などと、ごちゃごちゃ言っていても始まらない。蛾採集に行かなければ、蛾を語れない。しかし、昆虫記者の蛾の知識は極めて貧弱で、わが家には蛾の標本は一つもないという惨状。そこで、「あんた、それでも昆虫記者なの」となじられることを覚悟の上で、多岐理さんと、その父で日本昆虫協会理事の川上洋一氏に「全くの素人なので、蛾採集の手ほどきを」とお願いした。すると、「では日原《にっぱら》あたりで、発電機持ち込んで『ライトトラップ』でもやりますか」との返事。これは大事だ。

ヤママユガの骨壷と夜の疾走

懐中電灯片手に公園の街灯を見て回る程度の、お手軽な蛾採集を考えていた昆虫記者は、思わぬ本気モードの展開に、慌てふためいた。しかし、後悔先に立たず。もうやるしかないと、ネットでの一夜漬けの知識を基に、蛍光灯、LEDライト、車から電源を取るためのインバーターなど、簡単な装備を家電量販店で調達。そして8月某日、トラップ決行となった。

ちょっと心細かったので、私と同様に虫好きながら蛾に関しては素人の鈴木海花さん（ブログ「虫目で歩けば」管理人）にも、無理を言ってご一緒してもらうことに。

当日は、東京都あきる野市の川上一家の自宅に集合。一階は洋一氏の妻きのぶさんの陶芸教室になっている。作品の多くは昆虫がモチーフで、ヤママユガが羽化する瞬間を題材にした骨壷など迫力ある品が並ぶ。

やはり、この一家はただ者ではない。素人をいきなり、奥多摩のさらに奥、日原の夜の森に引きずり込むという暴挙に

ヤママユガが羽化する瞬間を描いた骨壷。川上きのぶ作。

加え、この不思議な作品群。しかし、川上親子の真の実力を思い知るのは、この後である。

トラップの器材を積み込み、細い山道を疾走する洋一氏の車と、その後を必死で追い駆ける昆虫記者の愛車フィット。いつしか、差が開く。私の車には、息子と海花さん、多岐理さんが同乗。洋一氏の車の軽快な走りを見て、多岐理さんは「きっとノリノリなんですよ」とつぶやく。

しかし、夕食直後の多岐理さんのほうは、急カーブが連続する山道での猛スピードのドライブで車酔いに。パッシングで洋一氏に緊急事態の合図を送るが気付いてくれない。路肩にフィットを止め、しばし休憩する間に、洋一氏の車は、ノリノリで走り去っていった。

シャチホコ飛来で多岐理さん絶好調

その後、事態はますます深刻に。安全運転をモットーとする昆虫記者の車は、予定よりかなり遅れて、カーナビで設定した目的地の近くまで来たが、その先は落石の危険から通行禁止。周辺に洋一氏の姿はなく、携帯電話を持たない主義という同氏には連絡がつかない。

暗い森の中で、呆然《ぼうぜん》と立ち尽くす昆虫記者。多岐理さんは、落ち着きはらって、「仕方ないですね、もうこの辺りで、私たちだけでトラップやるっきゃないですね」。

漆黒の闇の中、不安で半ベソをかきながら、近くの柵にシーツを張り、車のシガーソケットを電源に蛍光灯とＬＥＤライトを点灯。場所が悪いのか、10分たっても4、5匹しか蛾は集まってこない。

するとそこへ、一台の車。ドアが開き、何事もなかったかのような顔で降りてくる洋一氏。開口一番「ここはだめですね。私がもっといい場所に、トラップ仕掛けてきましたから、そこへ行きましょう」。もう、相手のペースに巻き込まれ、言われるがままだ。

確かにそこは、絶好のスポット。沢の向こうに広々と山肌が広がる。特設の枠にシーツを張って、ライトを点灯すると、次々に蛾が。ミヤマクワガタ、ハンノ

蛾採集スタイルがバッチリきまっている多岐理さん。

アオカミキリなどもやってくる。

先ほどの亘酔いう言て、多岐理さんは、いつの間にか絶好調モード。銀色の紋の入ったシャチホコガの飛来に「うわぁー、これが来ると盛り上がりますね。この手足にぶつかる感覚。シャチホコは重量感があっていいですよねー」。

「小さい蛾ほど美しい」の法則

昆虫記者親子もいつの間にか、川上家のペースに引きずり込まれ、いつもなら大騒ぎするクワガタ、カミキリなどどうでもいいという変な感覚に。もちろん、多岐理さんに言わせると、これだ上号。

「小さいほど、美しいという法則があるんです。この小さい連中を見てください」。ほとんどゴミと区別できないホソガやメイガの仲間を指差す多岐理さん。「やっぱり蛾はいいですね。おー、かわいい」などと、別世界に飛んで行ってしまっている様子だ。

ここで突然、簡単な理科のテストを。

問題　蝶や蛾の仲間は幼虫時代をどこで過ごしますか。次のうち正しいものに○をつけなさい。

①草や木の葉の上　②土の中　③水の中

答え　小学校のテストなら1番が正解。しかし、少々園芸の知識のある人なら2番も正解となる。ヨトウガの仲間の幼虫ヨトウムシ（夜盗虫）は、昼間は土の中に隠れていて、夜に草花の葉を食害する。そして蛾マニアなら当然3番も正解となる。ミズメイガの仲間は、幼虫時代を水中で過ごすのだ。

ここにミズメイガがいますよと、多岐理さんに教え

鮮やかな銀紋が美しいウスイロギンモンシャチホコ。

カイトを連想させるモンクロシャチホコ（渋谷区にて）。

小さいほど美しい法則の証拠。アカスジシロコケガ。

さらに小さな蛾。トビイロシマメイガ。

られたが、小さなつまらない蛾と思い、たった一枚写真を撮っただけ。後で「幼虫が水中生活する変わり者で、結構きれい」と解説され、画像を確認してみたが、案の定ボケボケ。後の祭りである。

網の中は蛾の大群

その後は、車で少し移動して「街灯回り」。大きな虫網で、街灯近くの茂みをすくう。スウィーピングという手法である。網の中には、クワガタ、コガネムシなどとともに、とてつもない数の蛾が。ヒトツメオオシロヒメシャクや、マルモンシロガ、ヒサゴスズメなど、面白い模様の連中だ。

「すごい。いいのがたくさん入ってる。どうしよう。アオリンガもいる」。もう多岐理さんの興奮は止まらない。ポケットから毒瓶（薬剤入りの細いガラス瓶）を出して、お気に入りの蛾を次々に採集していく。

腕時計を見ると、もう午後11時近い。実は、私はこの日、早朝から会社でデスクワークだった。眠い。腹が減る。都心まで帰り、海花さんを自宅に送り届けなければならないが、このまま真夜中の宴《うたげ》が続けば帰りの運転が危ない。

ここで夜を明かす勢いの川上親子に、おずおずと「名残は惜しいが、そろそろおいとまを」と申し出た。そして、無理やり誘った海花さんが、強行日程に気分を害しているのではないかと、様子をうかがう。

しかし、海花さんは「想像していたよりも、何倍も面白い」と上機嫌。ライトトラップとは、蛾の魔力に捕獲されるトラップだったのか。まんまと、その罠に引っ掛かったのは、海花さんも昆虫記者も同じであった。

帰りの山道を走っている間も、街灯に群がる蛾が気

ヒトツメオオシロヒメシャク。

マルモンシロガ。蛾マニアの間では通称「日の丸」と呼ばれているらしい。

ヒサゴスズメ。羽の模様がヒサゴ（ヒョウタン）に似ているのもいるらしい。

になって仕方がない。ヘッドライトの前を大きな蛾が横切ると、もしやヤママユガでは、などと心臓が高鳴りハンドル操作を誤りそうになる。ちょっと前までは、蛾なんてどうでもよかったのに。

脱いだらすごい「カトカラ」のドキドキ感

日原のトラップでは、小さくてきれいな蛾をたくさん見たが、巨大なヤママユガの仲間には会えずじまい。

蛾の魅力に取り付かれた昆虫記者は「もうヤママユの季節です」という洋一氏の言葉が気になって、翌日夜も息子を連れて高尾まで蛾採集に。

ケーブル駅近くで傷一つない完璧なヤママユガを発見したが、残念ながら、くすんだ色の雌。次回は、もっと目立つ色彩で、木の葉のような巨大な触角を持った雄にも会いたい。

近くの街灯には、カブトムシ、ミヤマクワガタも飛んできた。しかし、それよりずっとうれしかったのは、キシタバの飛来。多岐理さんも特別な思い入れがあるというカトカラの仲間だ。カトカラとは「下（の羽）

ヤママユガ（上）とキシタバ（下）。

が美しい」という意味の学名で、キシタバ、ムラサキシタバ、ベニシタバといった名が示すように、黄、紫、赤など派手な色彩の後ろ羽を、地味な前羽の下に隠している。

「私、上着を脱いだらすごいんです」というドキドキ感がたまらないという人も多い。クワガタ採集に夢中になっていた少年時代には、樹液に群がる邪魔者でしかなかったカトカラの仲間。しかもキシタバは、その中でも一番の普通種だ。しかし、なぜか今は、網に収めた瞬間、興奮を覚える。

最近は、夢にまで蛾が登場する。一度蛾とつき合ったら、蝶なんてもう相手にしていられないという多岐理さんの気持ちが、少しずつ分かってきた。

灯火で待っていれば、向こうからやって来てくれる蛾は、体力、運動神経に不安のある昆虫記者にうってつけ。灯火の下で血眼になってカブトやクワガタを探す素人たちをよそ目に、「なーんだ、またこいつか」などと、大きなミヤマクワガタを投げ捨て、「やっぱりカトカラだね」とか「シャチホコの感触がたまらないね」などと蛾採集に没頭する。

そんな姿は、いかにも玄人らしくクールではないかと勝手な想像をめぐらし、一人ニヤニヤしている今日このごろである。

これも枯葉そっくり。アカエグリバ。

ベニヘリコケガも落書きのような模様が面白い。

ツバメエダシャクの仲間。清潔感のある白。

緑と波模様の絶妙の取り合わせ。カギバアオシャク。

落ち着いた和の装い。ウンモンスズメ。

ノンネマイマイ。ノンネとは修道女のこと。神聖な雰囲気が漂う。

真冬の超地味な昆虫採集

フユシャク界のマドンナはホルスタイン柄

冬の森を彩る芸術的な繭や卵

真冬の虫捕りで有名なのは、エノキの根本にたまった落ち葉をかき分けて探すゴマダラチョウやオオムラサキの幼虫。背中の突起が3対だと「なんだ、またゴマダラか」とがっかりし、たまに4対のがいると「うわっ、オオムラサキ」と大喜び。

エノキの落ち葉に埋もれて越冬するゴマダラチョウの幼虫。

ただし「大人のくせに落ち葉をまき散らして喜ぶ不届き者」と白い目で見られることが多いので、子ども連れでの採集が望ましい。

12月に見かけたムラサキシジミ。

真冬に日光浴するアカタテハ。

ウラギンシジミは葉の裏側で越冬する。

タテハチョウ、シジミチョウの仲間には、成虫で越冬するものも多く、真冬でも日だまりのサザンカやビフの花にやってくることがある。冬に飛ぶ蝶を見て「温暖化で異変」などと大騒ぎしてはいけないのである。

公園の木にぶら下げられた樹木の名札も見逃せない。何も書かれていない裏面ばかりを見ている人がいたら、単なる変人か、越冬中のテントウムシやカメムシを探している人の可能性が高い。

日だまりの崖の土を、棒で突き崩している者がいたら、それはゴミムシマニアだろう。

「スズメの小便タゴ」と呼ばれるイラガの繭や、「山カマス」と呼ばれるウスタビガの繭を探す者もいる。木の葉が落ちた冬は、こうした魅力的デザインの蛾の繭を探し出すのに、好都合だ。さらにツワモノは、梅の枝先にびっしりと張り付いたオビカレハという蛾の卵を見つけて「これこそ芸術だ」と叫んだりする。

しかし、冬はやはり、冬にだけ成虫が現れる虫を探すのが、虫捕りの王道だ。だが、そんな変わり者の虫がいるのだろうか。もちろん、いるのである。

それは、普通の人は誰一人気付かないほど地味な、フユシャクという蛾の仲間だ。

地味な蛾から羽を取ったら

蛾と聞いただけで、もうすでに、かなり地味な印象だ。しかも、冬にしか現れないこの変わった蛾の雌は、

イラガの繭。一つ一つ模様が異なるので、見比べるのも楽しい。

梅の枝先を飾るオビカレハの卵。

ウスタビガの繭はその奇妙な形からヤマカマスと呼ばれる。冬の野山では緑の繭が目立つ。

羽が退化している。もともと地味な蛾から、羽を取ったら究極の地味な虫になってしまう。なのに、この雌が好きで探している人々がいる。

たで食う虫も好き好きではあるが、こうした趣味を理解する者は、ごく少数だろう。夫がこんな趣味にはまったら、妻はどう思うだろうか。

「いたんだよ、フユシャク」

「それ何なの」

「冬にしか現れない蛾なんだよ」

「その何が面白いの」

「雌には羽がないいんだよ」

「それって、イモムシのままってこと?」

「違うんだよ、成虫なのに羽がないいんだよ」

妻はもはや、夫の正気を疑い始めている。結婚を深く後悔し始めている。夫の奇怪な趣味を理由に離婚したら、慰謝料が取れるかどうか計算し始めている。

昆虫記者も、そんな危ない世界に足を踏み入れてしまった。真冬に羽のない蛾を探す。クリスマスのイルミネーションに浮かれ、華やかな着物で初詣に出かけ、新年会のカラオケで盛り上がる人々を横目に。それは、自虐的行動のようにさえ思える。そして、こんな地味な昆虫採集に執念を燃やすことができる自分に感動する。

穴場は公園のトイレと歩道の木柵

フユシャクの中には、雄が昼間飛ぶ種類もある。クロスジフユエダシャクがそれだ。12月ごろ、何十匹もの小さな蛾が雑木林の中を飛んでいる。そんな蛾の後を、ふらふらとついて行く者がいる。羽の退化した雌を探しているフユシャクマニアだ。雄が物陰に止まると、そこに雌がいたりする。そんな場合は、すぐに交尾を始める。その現場を押さえようというのだ。

クロスジフユエダシャクの雌の肩には、小さな羽の痕跡があり、その姿は、「流氷の天使」クリオネに少し似ていないでもない。

しかし、たいていのフユシャクは夜行性だ。雄は灯火に飛んでくるので、公園のトイレなどに多い。トイレの窓に張り付いた蛾を探す姿は、絶対に変態にしか見えない。「虫を探しています」と言っても、「真冬に虫なんかいるものか」「同じうそでも、もっとましなうそをつけ」と、罵倒される可能性が高い。

一方、羽のない雌はトイレの窓にはいない。夜に木に登り、フェロモンを放出して雄を誘う。森の中に数限りなくある大小さまざまな木で、どこにいるか分からない羽のない蛾を探すのは至難の業だ。

しかし、思いがけない穴場がある。それは公園の歩道の両側にある木製の柵だ。本物の木と間違えて、柵に登ってしまった雌は、柵のてっぺんまでたどり着いたところで行き場を失う。そんな慌て者の雌は、昼間になっても、目立つ柵の上でまごまごしていることが多いのだ。

指先に乗ったクロスジフユエダシャクの雌。小さな羽は天使の翼のようだと言う人も。

クロスジフユエダシャクのペア。交尾中は簡単には離れない。

お尻を上げてフェロモン放出

1月のある日、昆虫記者が虫仲間とフユシャク探しに出向いた先は、川崎市の公園。仲間がいるというのはありがたいことだ。一人で冬の公園で、木柵をなめるように眺め回していたら、不審者として通報されかねない。

まず見つかったのは、地味な雌の中でも、さらに地味な種類だ。しかもすごく小さい。羽の痕跡はほとんど見られない。筆先のようにふさふさとした毛が付いたお尻を高々と突き上げているのは、フェロモンで雄を呼ぶポーズなのだろうか。

こういうのは、雌だけで種類を判別す

ウスバフユシャクの雌。お尻を突き上げたポーズはフェロモンで雄を呼んでいるのかもしれない。

ることは難しい。雄と引き合わせて、交尾すれば、種類が分かるという場合も多い。非常に面倒なやつらである。今回は、近くのトイレにいたウスバフユシャクの雄と一緒にしてみると、すぐに交尾を始めた。

続いて、小さい飾りのような羽を付けた雌を発見。恐らくナミスジフユナミシャクだろう。正体不明の丸っこいやつもいた。

こんな地味なフユシャクの雌の中にも、花形スターがいる。その名はチャバネフユエダシャク。「どこがスターなの」と言われるかもしれないが、フユシャク・ファンの間ではスターなのだから仕方がない。

雄は例によって、地味な蛾だ。しかし、雌は白黒の幾何学的まだら模様が美しい。しかも、大きいものは体長が2センチ近くある。2センチというと小さいように思えるかもしれないが、1センチ以下のものが多いフユシャク雌の世界において、このサイズは超ビッグである。

その模様から、この雌をホルスタインと呼ぶ者もいる。フユシャク界のマドンナと呼んでもいい。これを見ずして、冬を終わることはできないという者もいる。この世界も奥が深い。

トイレの窓にいたチャバネフユエダシャクの雄。雌と比べると相当に地味。

チャバネフユエダシャクの雌。

大スターも見方によっては鳥の糞

そのスターは、公園の木柵の上にドンと座っていた。1匹いれば、近くに何匹かいるはず。この日は3匹見つけた。ホルスタイン牧場だ。前から、横から、上から、マドンナの姿に迫る。

こんなに目立つ姿でよく鳥に食べられたりしないも

のだと思う。しかし、遠目に見ると、この白黒のかたまりは、鳥の糞《ふん》のようにも見える。つまり、公園を散歩する普通の人々にとっては、われわれは、鳥の糞を四方八方から飽きもせず撮り続けているマニアックなバード・ウォッチャーに見えるということだ。

そんな哀愁漂う冬の虫捕りは、古来日本人がこよなく愛してきた「わび、さび」の世界と言えるかもしれない。

そこで一句。

「飛べない蛾　そんなの探して　何になる」。

究極の駄作だ。

まさか、こんな駄作で、話を終わりにすることはできない。物書きの恥である。

そこで、次は冬のトンボの話。蛾よりは、まだましと思う人が多いだろう。しかし、成虫で越冬するトンボは、みな小さくて目立たないイトトンボの仲間だ。その中で、ホソミオツネントンボの雄は、深みのある青が美しい。だが、その青が見られるのは、越冬後の春から。冬は枯れ枝と同じ、地味な茶色。枝先に止まったままじっと動かないので、葉の落ちた細い枝と一体化してしまう。

乙な名前の冬のトンボ

昆虫記者が初めて越冬中のホソミオツネントンボに出会ったのは、別の虫仲間に案内してもらった森。「ほれここに、ほれあそこにも」。次々と居場所を教えてくれるが、自分では見つけられない。悔しい。

まだ虫友が見つけたことのない場所で、発見したい。執念である。訪れたのは、千葉県のとある公園。実は

深みのある青が美しい夏のホソミオツネントンボ。

冬のホソミオツネントンボは葉の落ちた枝と一体化してしまう。

この公園で、2月に飛んでいるホソミオツネントンボを一瞬見かけていたのだ。必ずいる、どこかにいる。そう確信しなければ、1月の凍えるような森の中で何時間も、枯れ枝そっくりのイトトンボを探し続けることなどできない。そして、ついに、桜の小枝で、その姿を見つけた。どんなに近寄っても、身動き一つしない。寒さで凍り付いているのか、擬態に絶対の自信を持っているのか。

春になって、青く変身したホソミオツネントンボが田んぼの中を飛び交う姿を見れば、それで十分という人もいるだろう。しかし、オツネンを漢字で書けば「越年」。つらい冬を乗り越えてはじめて、青く輝くのであれば、年を越す真冬の姿を見なければならない。

そこで一句。

「オツネンは　冬に見るのが　乙やねん」。

今度は駄じゃれか！　どこがわびさびの世界なのか。しょせん昆虫記者に、わびさびは似合わないのだった。

寒い日のムラサキツバメの越冬集団。寝転んだような状態で、ほとんど動かない。

鳥ではなく、虫のコミミズクの幼虫。これも冬の木柵の定番。

キノカワガ＝名前そのまま。

ゼフィルスのシーズン開幕

高級感あふれる樹上のシジミたち

平地性のゼフは庶民の味方

6月だ。ゼフのシーズン開幕だ。ゼフとは樹上性のカラフルなシジミチョウの仲間「ゼフィルス」のこと。この心地よい語感。「ギリシャ神話の西風の神ゼピュロスが語源」などと聞くと、軽井沢、那須など高級リゾートの香りがする。お金持ちが高原の別荘で愛でる蝶のイメージだ。

しかし、昆虫記者をはじめとする一般庶民の虫好きにも簡単に楽しめる、リーズナブルな平地のゼフもいる。そして、それがまた高級ゼフに負けず劣らず美しいのだ。

千葉県の虫友I氏から、ミドリシジミ発生の報が入ったのは5月末。平年よりかなり早い。最盛期のピッカピカの姿が撮れるチャンスは発生から1、2週間。翌週の金曜日はもう、居ても立ってもいられず、わくわくして眠れない夜を過ごす。翌朝は寝不足のまま、市川市の公園へ。

午前中の天気は曇り。ゼフは曇りや雨の日には、羽を開かない。梅雨入りが早いと、週末にしか虫探しができない庶民が、ゼフの華やかな衣装を目にするチャ

樹上のミドリシジミ。羽を閉じていると目立たない。

埼玉県のミドリシジミ観察会では超ロング捕虫網が登場。

ンスは一層少なくなる。

しかし、午後になると、嘘のように雲が消え、真夏の日差しが照りつける。すると、どこからともなく、バタフライ・ウォッチャーたちが次々に現れ、虫友のI氏もやってきた。

前日は小雨だったから、ミドリシジミたちにとっても待ち焦がれた日差し。あちこちの枝先で蝶が舞い飛ぶ。蝶も興奮しているのだろうが、それ以上に興奮しているのがウォッチャーたちだ。これは実は、必ずや大事故を引き起こすであろう、極めて危険な状況なのであった。

転落事故が多発

ミドリシジミの幼虫の食樹は、湿地帯に生えるハンノキ。この公園では、湿地の上に自然観察用のボードウォークが張り巡らされているが、その幅は大人がすれ違うのがやっと。熱くなったウォッチャーたちが、ひしめき合う状況は想定外なのだ。当然、興奮した蝶マニアの間で事故が起きる。

「きのうも、湿地に落ちて全身ずぶぬれ、泥だらけの人を見かけました」とはI氏の話。この日知り合った虫ブロガーさんによれば、数日前には、１００万円のカメラを水没させ、途方に暮れていた人もいたという。

蝶が羽を開くことを「開翅《かいし》」という。完全に開翅することを「全開」という。虫仲間は、こうした重要情報について、互いに連絡を取り合っていることが多い。時には携帯で、時には大声で。

「いたぞー」「開翅!」「こっちは全開!!」。そんな声が聞こえると、脱兎のごとく駆け出す者もいる。そして「ドボン」。憧れの蝶を目前にして気持ちが高ぶるのは理解できるが、こういう場所では安全が第一。冷静な行動が求められる。

しかし、この日も不幸にして、年配のご夫婦カメラマンが、二人そろって「ドボン、ドボン」。こうなるとボードウォークの上にはい上がるのがまず大変。虫好きたちが一斉に駆け付け、手を差し伸べるが、それでも二人を救出するのに5分ほどかかった。

二人の服は上下とも泥水で真っ黒に。高級カメラも再起不能のように見えた。ようやく近くのベンチにたどり着き、ため息をつくご夫婦。昆虫記者は、こういう非常時のために常に大判のウェットティッシュを持ち歩いている。「これ使ってください」。ご夫婦にティッシュを差し出したが、どう見ても焼け石に水の状態だった。

美しきオスたち

だが、「ありがとうございます」という感謝の一言の次に、ご夫婦の口から出た言葉がすごい。「今チャンスですよ。私たちが落ちたところ。すぐ目の前にミドリシジミがいますよ。急いで撮りに行かないと」。どんな悲惨な状況にあっても、常に虫のことを考える。これぞ虫好きの鑑《かがみ》ではないか。

普通なら、救助活動を途中で打ち切って、蝶の写真を撮りに行くような薄情者は虫仲間にはいないはずだ。しかし、ご夫婦の言葉に感動した昆虫記者は、次の瞬間にはカメラを抱えて、ミドリシジミのもとへと走り去っていた。

ミドリシジミの雄は、文句なく美しい。その羽の表は、光の当たり方によって、時に青く、時に緑に輝く。高い樹上や遠くの茂みに、ちらちらとその姿が見えるが、撮影のチャンスは、近くの低い枝先に来た瞬間だ。

羽を開きかけた雄のミドリシジミ。ドキドキする瞬間だ。

羽は光の加減で緑に見えたり、青に見えたり。

羽化したばかりと思われる個体が、草の上で飛び立つ時を待っていることもあるが、この場合は、いつ羽を開くか分からず根比べになる。

昆虫記者がこの日最初に眼にした開翅は、少し距離のある樹上。撮影条件としてはかなり厳しい。カメラを目いっぱい高く掲げても、羽の表はちらりとしか写らない。

次の開翅は、絶好の位置だったが、わずか5秒ほど。角度の問題で、羽の色は完全な緑ではなく、青っぽくなった。

その次の開翅は、ほんの数秒。緑色がきれいに出る位置だったが、ピント合わせが間に合わず、ピンボケを絵に描いたような写真に。いつまでたっても、カメラの腕が上がらないのはなぜなのか。「才能がない」の一言である。

気品あるＡＢ型のメス

蝶の世界では、先に雄が現れ、少し遅れて雌が発生することが多い。この日はまだ発生初期で、目にするのはほとんどが雄。

しかし、ようやくボードウォークの曲がり角の草の上に雌らしきミドリシジミを発見した。閉じられた羽の隙間から緑の輝きが見えないのは、雌の証拠だ。雌には羽の表の模様によって、Ｏ、Ａ、Ｂ、ＡＢと血液型のような分類がある。なぜか昆虫記者が出会う雌は、羽を開いても、全体がこげ茶色一色のＯ型が多い。今回の雌も「どうせＯ型だろう」と高をくくって、一枚だけ裏の写真を撮った後、少し離れたベンチでランチタイムに。そこへ虫友Ｉ氏の叫び声が響く。「開きますよ！」。そして間髪を入れず、次の叫び声。「ＡＢ型、ＡＢです、急いでー！」

ＡＢ型の雌には気品がある。

これまで一度も見たことのないＡＢ型の雌の開翅。青い筋にオレンジの紋。雄のように派手ではないが、その微妙な色合いは、これぞゼフという代物。このAB型ばかりを標本箱にずらりと並べて悦に入っている採集マニアもいるという、あの高貴なデザインが、今目の前に展開されようとしている。

安全第一の標語も忘れ、「危ない！」。興奮してI氏のもとへ駆け寄る昆虫記者。ボードウォークの端に爪先立ちになって、何とか転落を免れたが、冷や汗ものの瞬間であった。

しかし、そんな極限の状況にありながらも、数回シャッターを切る根性。草の葉が少し邪魔になったが、それでもしっかりとAB型の勇姿がカメラに捉えられていた。ピンチに強い昆虫記者の本領発揮である。

後で聞いたところでは、この曲がり角は、特に危険な場所とのこと。これまで何人もの犠牲者を出しているらしい。AB型の雌は、血迷った虫マニアたちを魔のバミューダトライアングルに沈没させる危険なわなだったのだ。

アカシジミ大発生

市川市の公園では肝を冷やした昆虫記者。「もし転落していたら…」。思い出すだけでゾッとする。家族、親戚中の笑い者になるだけなら、じっと耐え忍ぶが、もしカメラを壊していたら、昆虫記者のキャリアもジ・エンドになっていたかもしれない。「遊びじゃないんだ。仕事に使うんだ」と妻に泣きついて、ようやく手にした一眼カメラと高級レンズ。一生に一度の買い物を、たかがシジミチョウのためにどぶに捨てたとなれば、二度と妻の購入許可は出ないだろう。今度は、どこかもっと安全な撮影場所を探さなければ。

そんな時、行きつけのネットサイトから飛び込んできた情報は、八王子の公園でアカシジミ、ウラナミアカシジミが大発生との報。どちらも、都心の森で時々見かける蝶なのに、去年は一枚もまともな写真が撮れなかった。ちょっと油断していると、すぐにシーズンが終了してしまうから、第一報に飛びつく軽快なフットワークが欠かせない。再び眠れぬ夜を過ごし、超寝不足で公園へ。

すると、いるわ、いるわ。たしかにすごい数。地元の蝶マニアに話を聞くと、朝方には何十匹も一カ所に群れていたとのことだ。小さな栗の木を見渡しただけ

ウラナミアカシジミ。羽裏の繊細な柄が魅力。

涼しげな模様のミズイロオナガシジミ。

栗の花が好物のアカシジミ。

ゼフではないが、碁石を並べたような模様がかわいいゴイシシジミ。

今回は見られなかったウラゴマダラシジミも平地に多いゼフだ。

ウラナミアカシジミ。羽の隙間からのぞく鮮やかなオレンジ色。

でも、花の蜜を吸っている10匹ほどのアカシジミが目に入った。

近くの茂みでは、ゼフの中ではかなり大型の部類に入るウラナミアカシジミが5、6匹羽を休めている。羽の表のオレンジ色もきれいだが、何と言っても裏の繊細な模様がいい。そして、薄暗い林道に入ると、今度は涼しげな模様のミズイロオナガシジミが、あちこちの下草で休んでいる。

笹やぶには、ゼフではないが、碁石模様がかわいいゴイシシジミの姿も。幼虫の好物が笹に付くアブラムシという奇妙な食習慣のせいか、都市近郊では最近このシジミをあまり見かけなくなった。

ネット情報より地元の生情報

ネット時代の昆虫情報網は本当にありがたい。大量かつピンポイント、瞬時の情報。時期が限定されるゼフ探しには、ネットをフル活用する必要がある。

しかし、もっとうれしいのは、地元の虫好きの人々から、現地で提供される生の情報だ。毎日のように地元の森を歩き回っている人の情報量はすごい。この日、初対面の昆虫記者の案内役を買って出てくれたのは、アカシジミが群れる栗の木の前で知り合ったS氏だった。

初めての場所での虫探しは、いつも手探り状態。行き当たりばったりで、年がいもなく、やみくもに歩き回る昆虫記者は、すぐにへとへとになる。そんな時に、なぜか必ず出現する地元の虫好きさんは、まさに救いの神だ。

「あそこにエノキの大木があって、もうすぐオオムラサキも出てきます。今ごろはエノキの近くの手すりに、ヒオドシチョウの蛹《さなぎ》がたくさん付くんです」。S

羽化したばかりのヒオドシチョウと抜け殻になった蛹。

木の幹を食い破って顔を出したシロスジカミキリ。

おしろいで厚化粧したようなコフキサルハムシ。

シラホシカミキリ。小さくても存在感がある。

エゴノキの常連、エゴシギゾウムシ。

氏の後について歩いていくと、あちこちにヒオドシの蛹が。そのうちの一つは、羽化の真っ最中だった。

「このあたりはコナラの木が多くて、シロスジカミキリも多いんです」。シロスジは言わずと知れた日本最大級の勇壮なカミキリムシ。S氏の案内で、コナラの幹に開いた幾つもの大きな穴を調べていくと「いた！」。大きな成虫が幹を食い破って今まさに、外界へとはい出していくところではないか。

こういう場面になると、昆虫記者はつい撮影に夢中になってしまう。「ありがとう」の一言すら言い忘れてしまうこともある。後になって「しまった」と思う。あの場で伝えられなかった気持ちは、どう書き表せばいいのだろうか。「感謝、感激、雨あられ」。こんな古くさい慣用句しか思いつかないボキャブラリーの貧困さが悲しい。

一番きれいな虫って何だろう

昆虫王国ジパングの代表はタマムシかハンミョウか

タマムシが集まる都心の秘密スポット

「東京都心の某神社に、あの美麗昆虫の代表であるヤマトタマムシが集まる秘密の木がある」とのうわさを聞いた。真夏のカンカン照りの日に、その木の前で待っていれば、必ずやタマムシに出会えるという。

半信半疑。ミスターチルドレンの名曲「ギフト」のメロディーを口ずさみながら、出かけてみる。「一番きれいな虫って何だろう、一番光ってる虫って何だろう♪」

その木は、広い芝生広場の中にあった。高さ5、6メートルのエノキ。緑の葉がこんもりと茂り、下のほうの枝は地面すれすれまで伸びている。

ともかく暑い。タマムシを見るのが先か、熱中症になるのが先か。スポーツドリンクは必須である。10分ほど待っただろうか。額に汗が流れ、目にしみる。その時、汗でかすんだ目の中に、エノキの樹上を不器用

ヤマトタマムシが飛び立つ瞬間。

に飛ぶ甲虫の姿が。緑色の金属的きらめき。あれこそはまさにタマムシ、待ち焦がれた最高のギフトだ。

しかし、一向に下りてくる気配はない。しばらくすると、高い枝にとまって見えなくなった。そしてまた10分。再び、高い樹上を飛ぶタマムシ。根比べである。スポーツドリンクはすぐに空になった。

やがて太陽が雲に隠れると、タマムシはもう飛ばなくなった。

次の日もまた、同じ木の前に腰を下ろし、樹上を見上げている者がいる。もちろん昆虫記者である。天気は薄曇り。タマムシは全く飛ばない。死骸が一つ、木の下に転がっていた。

そしてまた次の日。同じ木の前のいつもの場所には、仲良く寝そべるカップルの姿。そこから10メートルほど離れた木陰に座り込む昆虫記者。カメラを抱えた不審な男が、先客のカップルのすぐ隣に座ってキョロキョロと辺りを見回していたら、それは間違いなく変態だ。いかに非常識な昆虫記者といえども、そんなことはできない。カップルの至福の時間の邪魔をしないよう、遠くからエノキの上空にじっと目を凝らす。そこには数匹のタマムシらしき点が飛び交う。下りて来い、下りて来い、もっと下に下りて来い。うわ言のようにつぶやく。

そしてついに、その時はやってきた。一匹が急降下し、手の届きそうな低い枝先に。

大接近のチャンスに興奮

「今だ、チャンスだ」。ガバッと跳ね起きて、脱兎のごとく駆け寄り、カメラを構えて嵐のような連写。驚いたカップルは、何事かと振り向き、異常に興奮した昆虫記者の様子におびえ、慌てて退散する。

ついに大接近。

エノキの樹上を飛び回るヤマトタマムシ。

緑の羽を縦に貫く赤い筋。エメラルドもルビーも美しいが、この宝石に生きて動き回る、[illegible]日ほどして上体を起こしたら、間もなく飛び立つというサインだ。黒く大きな目玉が上空を見上げ、カメラのファインダー越しに昆虫記者と視線が合った。突然、パッと羽が開く。

低い軌道で、芝生の上を飛ぶタマムシ。慌てて帽子を手に取り、その後を追いかける昆虫記者。これが子どもならかわいいが、いいおやじが足をもつれさせ、ドタバタと走っているのである。タマムシは帽子の下をすり抜け、急上昇。しだいに小さな点になり、かなたの空に消えていった。3日間待ちに待った接近遭遇の時間は、あまりにも短かった。茫然自失の昆虫記者。

杉林に多いマスダクロホシタマムシ。

松の樹皮にそっくりなウバタマムシ。

その背中には、さっきのカップルのあざけるような視線が注がれていた。

タマムシはその美しさから珍奇な存在と思われているだが、実はたくさんいる虫である。炎天下でエノキなどの樹上を凝視し続けるという苦行に耐えられるならば、かなりの確率でその姿を目にすることができる。残暑の中、蚊がブンブン飛ぶ森陰の倒木を見て回れば、産卵中のタマムシに出会えることもある。

近年、法隆寺所蔵の国宝「玉虫厨子」の複製が作られた際には、何万匹ものタマムシの羽が使われたというから、お宝と思って懸命に探せば数え切れないほど見つかるということだろう。

タマムシと言えば、誰もが思い浮かべるのは、体長3～4センチと日本最大のサイズを誇るヤマトタマムシだが、実は日本にはタマムシ科の虫が200種以上いる。ヤマトタマムシと並ぶ大型タマムシながら、渋い色合いのウバタマムシもいれば、クロホシタマムシのように、小さいながら、さすがタマムシと大向こうをうならせる美麗種もいる。体長3～4ミリ程度のチビタマムシの仲間は、ゴミのように小さくて、地味で、注目されることはほとんどない。それでも、飛び立つ瞬間に、羽の下に隠れていた腹部が青く輝いて見えたりすると、やっぱりタマムシなのだと納得する。

玄人受けするルリボシカミキリ

タマムシ科以外にも、小さくて美しい虫はたくさんいる。たとえば、ブドウの木などでよく見かけるアカガネサルハムシは、ヤマトタマムシと同じ配色で、輝きはタマムシ以上かもしれない。しかし、小さすぎるというハンディのため、その名を知る者は極めて少ない。

ニジゴミムシダマシという小さな虫も、見方によっては非常に美しい。しかし、「ゴミ」とか「ダマシ」とかいう名前が印象を悪くする。ジメジメした薄暗い森の中で、朽ち木の上をはい回っている様子も、好感度が低い。タマムシを持っていると財産が増えるという迷信を信じて、その羽をたんすにしまっている人もいるが、ニジゴミムシダマシの死骸をたんすに隠している人はいないのである。

大きければ、タマムシ並みの美しさ。アカガネサルハムシ。

薄暗い森の中で輝きを放つニジゴミムシダマシ。

比較的大きな虫で、タマムシとかなりいい勝負をしているのは、ルリボシカミキリだろう。昆虫図鑑の表紙を飾るトップモデルの座をタマムシと競い合うことも多い。このカミキリの青は確かに美しい。しかしそれは、タマムシのような金属光沢ではなく、ビロードのようななめらかな輝きであり、玄人には受けるが、大衆向きではない。

こうしてヤマトタマムシと、それ以外のきれいな虫を比べてみると、やはりヤマトタマムシを打ち

ルリボシカミキリの青は玄人好み。

負かすほどの実力者はいないように思えてくる。宝石のような虫＝タマムシ。これはもはや日本の常識かもしれない。しかし、あえて常識に異を唱える者たちもいる。どこの世界にも、ひねくれ者はいるのである。

こうしたアンチ・タマムシ派の多くが、日本一美しいと主張する虫がナミハンミョウだ。光の当たり方によって、さまざまに変化する七色の輝きは、タマムシ以上に玉虫色である。そして、これまた普通にいる虫だというから、やはりジパングは光り輝く昆虫の王国だ。ナミハンミョウもヤマトタマムシも、どう見ても熱帯の虫ではないか。

アンチ・タマムシ派が推すナミハンミョウ

ナミハンミョウは、木もれ日の差し込む小川沿いの散策路でよく見かける。都市近郊ではこういう風景が少なくなってきたが、居るところに行けば必ず見つかると言っていいほど、ナミハンミョウは見つけやすい虫である。それは、人が歩く道の上を縄張りにしているからだ。踏み固められた土の道、木道、砂利道。ともかく道が好きな虫なのだ。飛び回って、餌になる小昆虫を捕まえるには、草の茂った場所よりも、道の上の方が都合がいいのだろう。

路上の虫であるナミハンミョウには、親しみを込めて「道教え」とか「道しるべ」とか呼ばれることもある。人が2、3メートルの距離まで近付くと身軽に飛んで逃げるが、すぐにまた路上に着地。その後を追うように人が歩いていくと、また数メートル先へと移動を繰り返す。かつての風流な人々の目には、これがまるで、道案内のように見えたのだろう。

昆虫記者のお気に入りのナミハンミョウ・ポイントは、神奈川県横浜市の金沢自然公園周辺。小さな流れの脇の散策路には、あちこちにナミハンミョウの姿がある。木漏れ日を浴びて輝くハンミョウは、息をの

クラクラするほど美しいナミハンミョウ。

むほど美しい。これこそ日本一美しい虫の有力候補だ。

　こんなきれいな虫だから、もっと近くで見たいと誰もが思う。だが、道教えの習性から、この虫に至近距離まで近寄ることは難しい。そして、実を言えば、あまり近寄って見ない方が憧れを打ち砕かれなくていいのである。富士山は遠くから見る方が美しいし、超高画質のテレビで見ると、美男美女も肌荒れが目立ったりするではないか。

ハンミョウの致命的弱点

　しかし、文明は高性能のカメラを生んだ。機械オンチの昆虫記者でも、何メートルも先の小さなハンミョウにピタリと焦点を合わせることができる。そして「ウゲッ！」。見なくてもいいハンミョウの顔のアップが飛び込んできた。小さな体に釣り合わない大きな牙。この恐ろしい形相こそが、英語でタイガービートルと呼ばれるゆえんである。

正面は恐いナミハンミョウ。

　よせばいいのに、さらに望遠でハンミョウを追い続けると、巨大な牙でアリやダンゴムシを次々に餌食にしていく。「死にかけたミミズに群がるハエ」という最悪の光景の中にも、ハンミョウは飛び込んでいく。しばらくハエを追い回していたハンミョウは、ハエ捕りは無理と悟ったのか、最後にはなんとミミズにかぶりついたではないか。

　ナミハンミョウが並外れた美しさにもかかわらず、タマムシほど人気がないのは、こうした恐ろしい形相と悪食のせいであるかもしれない。アリやダンゴムシやミミズを食べる虫を、家宝、まして国宝にしようなどと思う人はいないだろう。

　さらに、ナミハンミョウには、ヤマトタマムシと美を競う上で致命的な弱点がある。それは、死んでしまうと急速に色があせるということだ。タマムシが国宝にまで上り詰めた理由の一つは、美しい羽の輝きが死後も衰えないということだった。

　死んで標本箱に並ぶとその差は歴然。ガラスケースの中のタマムシは、美しく人目を引くが、みすぼらしい姿になったナミハンミョウに視線を向ける者はいない。

しかし、見方を変えれば、ナミハンミョウの色彩は、まさに生きている時だけの輝き、生命の輝きなのである。捕まえて標本にしたいなどとは思わないが、どこかの森の細道で、先導役を買って出るナミハンミョウに出会ったら、どこまでも道案内を続けてほしいと願わずにはいられない。

ヤマトタマムシと比べれば、ナミハンミョウは小さいし、顔が恐いし、悪食でもある。しかし、それでもなお、野に出て自然の中で見つけなければ分からないナミハンミョウの輝きの方に、日本一の称号を与えたくなる。やはり、昆虫記者はひねくれ者なのである。

死してなお美しいタマムシ。

タマムシの産卵シーン。

金色の刻印が売りのムツボシタマムシ。

カラカネハナカミキリ。花に集まるカミキリにもおしゃれなのが多い。

カシルリオトシブミ。小さいが無視できない輝き。

虹色の蜂、ミドリセイボウ。

クズが生えていれば必ずいるクズノチビタマムシ。

オオキンカメムシも派手なデザインだ。

なんじゃこりゃ!? の虫図鑑⑤

完璧な食卓
（クロウリハムシ）

背中にとぼけた犬の顔
（キバラヘリカメムシの幼虫）

成長記録の抜け殻を引きずって歩く
（イノコヅチカメノコハムシの幼虫）

金色のUFO
（ジンガサハムシ）

包容力にあふれた長い前足
（アシナガオニゾウムシ）

ジグソーパズル
（ヒメナガメ）

ハートの紋章
（エサキモンキツノカメムシ）

目玉模様に出会ったら、超ラッキー
（ナミテントウ）

見事なストライプ、昆虫界のシマウマ
（アカスジカメムシ）

燕尾服で正装
（ラミーカミキリ）

その4

海外〝虫〟旅行で家庭崩壊の危機

ショッピングと観光にしか興味のない妻と子、
そして虫バカ夫。異国の空の下、
家庭崩壊寸前のスリリングな攻防が展開する。

台湾「蝶の谷」を行く

冬は熱帯で虫エネルギー補充

茂林郷の風景。

いざ行かん、紫蝶幽谷へ

日本は冬。寒波の到来はおじさん昆虫記者にはつらい。冬越しの虫たちを観察に行く気力もなえてくる。フィールドに出ても、大気中の昆虫濃度は低く、息苦しい。そんな時、奥本大三郎氏の名著『虫の宇宙誌』の一節がふと思い浮かんだ。

「戦前の日本で夏休みの宿題として昆虫採集が広く行われ、昆虫採集の黄金時代の観を呈した頃、日本全国の少年達の黄金境（エルドラド）は台湾であった」。そうだ、台湾に行こう。

北回帰線を越えれば、そこは熱帯。高雄県の茂林（マオリン）には、世界的に有名なルリマダラチョウの集団越冬地「紫蝶幽谷」があったはず。蝶の乱舞を見れば、しばらくはアドレナリンの体内放出が続き、憂鬱《ゆううつ》な気分も吹き飛ぶはずだ。

こうして、1月半ばを過ぎたある日、昆虫記者一家3人は高雄行き中華航空の機中の人となった。台湾での初日は高雄市内観光。蓮池潭、西子湾、六合夜市など観光地を巡っている間も、頭の中では紫蝶が舞い飛んでいる。

蓮池潭の龍虎塔、龍の口から入り虎の口から出ると災いを免れるという。

まずは、茂林郷までの交通手段となるタクシーを確保しなければならず、何人かのタクシー運転手を吟味。そして、ついに西子湾で極めて善良そうな運転手を発見した。足の悪い老人客を家の中まで親切に送り届けている様子を見て、すぐさま声を掛けた。

岬までの短い乗車時間でも、人柄の良さは歴然。片言ながら日本語も話せる。そこで下車の際に翌日の旅を予約。かくしてタクシー運転手「林長信《リン》」は、われわれの行き当たりばったりの無謀な旅の運命を握ることになった。

見るからに人のいいタクシー運転手の林さん。

まさかの空振りか

約束の午前9時ちょうど、林さんがホテルに迎えに来た。人のいい林さんは、車が走り出すや否や、サービス過剰気味にいろいろなところにストップして観光ガイドを務める。超片言の日本語とさらに怪しい英語で、名所旧跡から、バナナ畑、パパイヤ畑、その他正体不明の南国フルーツ畑、果ては自分が通う教会や家族の紹介まで始める始末。

ネットで調べた蝶観察の最適時間は午前11時ごろまで。気持ちは焦るが、好意を無にはできない。心の中では「ぶっ飛ばしてくれ」と叫んでいるが、こちらは中国語はさっぱりで、漢字で筆談の状態。林さんを傷つけずに、急いでいることをさりげなく伝えることもできない。

そんなこんなで、11時をかなり過ぎてから茂林の生態公園に到着。林さんが信じるキリスト様のお陰もあってか天気はいいのだが、蝶の姿は少ない。駐車場の周囲では5、6匹のルリマダラと数匹のリュウキュウアサギマダラが飛んでいるだけだ。

まさかの空振りか。背後に妻の冷たい視線を感じ、冷や汗が流れる。こんなはずはない。毎年この時期には、台湾北部から何十万匹ものルリマダラが越冬のため、はるばる茂林に渡ってくるはずなのに。

やはり、2009年にこの地を襲ったモーラコット台風の被害が響いているのか、それとも時間が遅すぎたのか。言い訳が、ぐるぐると頭の中を駆け巡る。

佃煮にするほどの蝶の群れ

茂林周辺の台風被害は甚大だった。各地で山が崩れ、川岸が削られ、橋や道路が崩落。観光施設の多くはまだアクセスが確保されず、再開のめどが立っていない。生態公園に続く道も崖崩れで寸断され、川底に設けた仮設道路が頼りだ。

林さんを駐車場に残して、山道を登り始めたが、花々に集まっているのはシロチョウやシジミチョウばかり。するとその時、公園の花壇を手入れしていたおばさんの姿が目に入った。

身振り手振りで、必死に何かを伝えようとしている。「下へ行け」と指示しているようでもあるが、単に「仕事のじゃまだからあっちへ行け」と言っているようでもある。幸運なことに、たまたま通りかかった台湾の大学生グループが英語で通訳してくれた。

「アンタラ何デ山ニ登ルカ。蝶見タイカ。ソレナラモット下ノ方ニ、佃煮ニスルホド居ル」。およそ、こんな内容だ。

そして10分後、林さんの車で公園脇の道をしばらく下った所で、われわれはその光景を目にした。私の昆虫趣味を蔑視している妻さえもが「ウヒャー」と感動、あるいは恐怖の声を上げげた。

何百匹ものルリマダラが乱舞。その中に、リュウキュウアサギマダラや、キチョウ、シロチョウ、イシガケチョウなどの姿も見られる。これぞ蝶の谷「紫蝶幽谷」だ。

初夏のような日差しで、額から汗が流れる中、夢中でカメラのシャッターを切り続けた。蝶たちは、しばらく飛び回ると、ある時急に静かになる。一斉に花にとまって羽を閉じ、一心に蜜を吸う。そしてまた、飛び立つ。その繰り返しだ。

信ぜよ、さらば救われん、求めよ、さらば報われん。やはり神は、ひたすら信じ、追い求める者を見捨てなかった。たとえその信仰の対象が虫けらであっても。林さんは、実は神様か仏様だったのではなかろうかとさえ思う。

南国の昆虫と野良犬の恐怖

しかし下界の人間は普通に腹も減る。蝶の群舞の中で夢心地に浸っている間に、既に時は午後2時過ぎ。日本なら3時過ぎだ。いまだ昼食にありつけない妻の機嫌が悪くなる前に、この日の宿である六亀郷の「扇

リュウキュウアナギマダラの飛翔。

カメラの前で飛び交う蝶たち。

花の上はルリマダラだらけ。

ツマムラサキマダラの飛翔。

平山荘」へ向かった。

翌日は小学生の息子の希望を入れて、山荘周辺をサイクリング。ここは、ぎりぎりながら熱帯域。真冬とはいえ、昆虫濃度は高い。木の葉そっくりなので、勝手にコノハモドキと名付けたキリギリス。交尾中の巨大バッタは、トノサマオンブバッタと命名した。

昆虫ではないが、カタツムリもクモも、南国ならではの巨大さだ。黄色地に黒点が鮮やかなカメノコハムシ、背面がオレンジ、腹面がゼブラ模様のカメムシなど、派手な色彩の虫も多い。ハサミムシは、日本のものよりかなり凶悪な人相だ。

季節のせいか、カやアブなどのお邪魔虫は少なかったが、代わりに野良犬がやたら多い。草むらにも、河原にも、街中にも、全く同じ顔、体形の野犬がわんさといる。どうやら台湾の犬世界では、この一種だけが繁栄を享受しているようで、後日訪れた台北でも、同じ犬ばかりが目に付いた。

性格は温厚なようだが、なにせ数が多いので不気味だ。息子は、犬が大の苦手で、ヒエー、ヒエーと逃げ

色鮮やかなカメノコハムシの仲間。

凶悪な風体のハサミムシ。

カメムシの仲間、腹面はゼブラ模様。

回り、犬はその後を面白がってついてくる。山荘での思い出として、後々まで息子の記憶に残るのは、犬に追い回されたことだけかもしれない。

奇跡の1時間

サイクリングの翌日は朝から大雨。台湾新幹線で台北に向かう私たちのため、林さんが午前10時に山荘に迎えに来た。今日は移動日、虫探しはお休みと割り切ってタクシーに乗り込む。

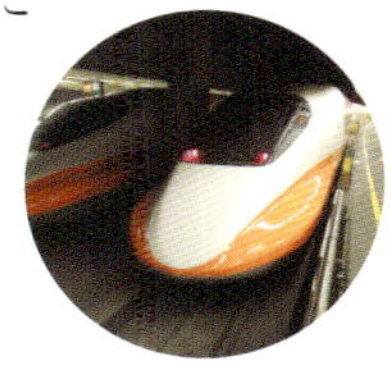

林さんは、相変わらず旺盛なサービス精神を発揮し、近くの寺や市場を案内してくれる。そうこうしながら、正午すぎに茂林への入り口にさしかかった途端、雲の切れ間から太陽が顔を出し、気温がぐんぐん上昇。次第に広がる青空。やはり林さんは、奇跡を起こす。

こうなれば、もう一度蝶の谷を見ずにはいられない。われわれが普通の観光客でないことを既に見抜いていた林さんは「マオリン（茂林）、マオリン！」というの私の叫びを聞くや否や、すぐに紫蝶幽谷へとハンドルを切った。

蝶はこの日も、惜しげもなく飛び回っていた。今回は試しに、カメラをビデオモードにして撮影してみる。レンズの前を次々に蝶が通り過ぎる。気配り上手の林さんは、昆虫趣味にも俊敏に対応。目新しい蝶を見つけては「ほれここに、ほれあそこにも」と指差してくれる。

果ては、どこからかカマキリやバッタまで捕まえて来る始末。恐らく虫になど、これっぽっちも興味のな

落ち着いた色合いのキミスジ。

吸蜜中のヒメアサギマダラ。

い人生を送ってきたはずの林さんの奮闘ぶりに、こちらは、ありがたいやら、申し訳ないやら。

１時間ほどすると、空は再び暗くなり、蝶の姿もさっと消えてしまった。予報ではこの日の天気は一日中雨。まさに奇跡の１時間だった。

ツマベニチョウの残像

もう思い残すことは何もないはずだった。しかし、最後に見てしまった。花畑に静かに舞い降りてきたツマベニチョウの羽先の鮮やかなオレンジ色を。

故宮博物院。有名なヒスイの白菜をはじめ、虫がアクセントになっている展示作品も多い。

慌ててカメラを構えたが、電源が入っていない。じたばたしている間に、蝶ははるか上空に飛び去った。虫とのつき合いは、いつもこうだ。大収穫の日でも、必ず何かやり残した思いを引きずる。

台北で故宮博物院、猫空の茶畑など定番の観光を淡々とこなす間も、視線はツマベニチョウの姿を探して緑の中をさまよう。結局、雨模様で肌寒い日々が続いた台北では、ほとんど蝶に出会えずタイムアップとなった。

ところが、帰国便に搭乗する前に、桃園国際空港の土産物屋をのぞくと、標本箱の中に何とあのツマベニチョウがいるではないか。しかし、標本の蝶は色があせ、茂林で見た鮮やかさはなかった。

台湾は九州ほどの面積の中に、４００種近い蝶がいる。この種類密度は世界一だと言われる。訪れるたびに、必ず新しい蝶や甲虫に出会えるだろう。

帰りの機中で目をつぶれば、穏やかな林さんの笑顔を取り囲むように色とりどりの蝶が舞っている。今後何年も、恐らくは死ぬまで、このエルドラドの魔力から逃れることはできそうにないと感じた。タクシードライバー林長信は、神ではなく魔法使いであったのかもしれない。

台湾最南端、墾丁は今日も嵐

大蝶オオゴマダラはどこに

強風が吹き荒れる墾丁。

アウトレットモール義大世界購物広場と、テーマパーク義大遊楽世界、ホテルが一体になった巨大施設が高雄に誕生した。

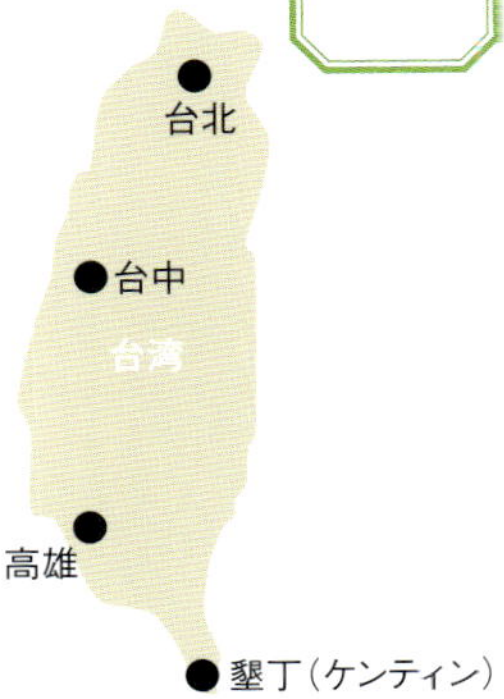

虫ざんまいのはずがゲームざんまい

台湾南部の高雄にアジア最大級のアウトレットモール「義大世界（イーダ・ワールド）購物広場」ができた。昆虫記者には何の関係もないように思えるこのニュース、年末年始の家族旅行の行き先を台湾にするための大切な「餌」である。

何の餌もなければ、妻に「高雄はもう行ったでしょ」と言われるに決まっている。「今度はヨーロッパがいい」と言われるに決まっている。それを覆す材料が「アウトレット」という魔法の呪文なのだ。

本当の目的地は、高雄から車で2時間ほどの台湾最南端の海浜リゾート・墾丁（ケンティン）。「墾丁は今日も晴れ」という台湾の青春テレビドラマがヒットし、日本でも放映されたので、墾丁の知名度は赤丸上昇中だ。常夏の地で、虫もかなりいるとの極秘情報もゲット。高雄でのショッピングを後半2日間に組み込み、前半は墾丁で虫ざんまいという、夢のような計画は、順調にスタートしたかに思えた。

高雄行きの航空機は深夜到着なので、高雄のホテルで無駄な一泊。朝食後、銀行で台湾ドルを調達した後は、市内観光もせずに早速、墾丁行きの乗り合いタクシーに。料金は1人400台湾ドル（約1200円）。この段階では、天気はまずまず。ところが、昼過ぎに墾丁のホテルに到着してみると、なんと「墾丁は今日も嵐」状態ではないか。

黒雲が流れる陰鬱な空に、ヤシの木がなぎ倒されそうな強風。秒速10メートルはありそうだ。ビーチに出てみると、風に吹き飛ばされた砂粒が顔面にビシビシと当たる。とても歩けたものではない。

この時期、「落山風」と呼ばれる北東の季節風が強いとは聞いていたが、こんな嵐は想定外。ホテルに籠《ろう》城《じょう》して、卓球、モグラたたき、ボーリングとゲームざんまいの午後になった。息子は大はしゃぎだが、昆虫記者にとっては悲劇である。

町の中心にそびえる虫世界の入り口

墾丁2日目も風は強い。しかし、朝食後しばらくすると、天気は若干回復。時折太陽も顔を出す。墾丁は、海岸と背後の山を合わせて全体が国家公園になっている。台湾の国家公園の第1号なのだそうだ。珊瑚礁が隆起してできた特異な景観と独特の植物群。サーフィンのメッカとしても知られている。

そして、町の中心にドドーンとそびえる立派な門は、「墾丁森林遊楽区」へと続く道の入り口。昆虫記者にとってこの門は、虫の世界への入り口でもあ

森林遊楽区の門。これが虫の世界への入り口。

る。妻がどんなに抵抗しようとも、門をくぐってしまえば、もうこっちのものだ。海鮮の店が多い墾丁の中心街をぶらぶら歩いていくと、当然ながら森林遊楽区の大門が目に入る。

「あれっ、こんなところに公園の入り口が。せっかくだから、ちょっと入ってみようか」。しらじらしい芝居だ。その魂胆は、妻には見抜かれているが、反論の隙を与えず、門の前のタクシーに乗り込む。

オオベニモンアゲハ。赤い体色は毒を持つことを示す警戒色。

10分ほど山道を登ると、またゲートがあり、入園料100台湾ドルを払ってその中へ。南向きの園内は後ろの山が風よけになるようで、あれほど吹き荒れていた強風も、ほとんど影響なし。待ち焦がれた南の楽園風景が広がり、熱帯雨林に囲まれた広場に花が咲き乱れ、蝶が舞い飛ぶ。

とりあえず、2、3時間かけて園内の散策路を一周。花があるところには、必ずと言っていいほど、アサギマダラなどマダラチョウの仲間が群れている。ベニモンアゲハのゆったりとした舞いも見応えがある。ゾウムシ系の小さな甲虫やカメムシも、けっこういるようだ。丸一日ここで過ごせば、どれほどの虫と出会えることだろう。

なのに、息子は「早くホテルに戻ってゲームやろうよ」。街歩きを中断され、いきなり山に連れ込まれた妻は「まだ明日も、あさってもあるでしょ。今日の虫探しはこれでおしまい」。

前日夜にチェックした天気予報では、今日より明日、明日よりあさっての方が天気も良く、気温も高いはず。そんな楽観的情報につい油断して、家族のプレッシャーに屈してしまう人のいい昆虫記者。しかし、天気は水物。予報が当たる保証はどこにもないということを、その後思い知ることになるのだった。

悲しみを癒やすオカヤドカリ

その日の夜から、再び天気は大荒れ。中国語のニュース番組の字幕から推察すると、フィリピン上空に「悟空」という名の不気味な台風があり、台湾南部までその渦に巻き込んでいるらしい。予報にだまされた方が悪いのか。「明日も、あさってもある」などという言葉に惑わされてはいけなかったのだ。虫を探す俺たちに「明日」はないのだ。「孫悟空のバカ野郎ー」と叫ばずにはいられない。

そんなわけで、墾丁3日目はほぼ一日、大風と大雨。しかたなくタクシーを借り切って、貝殻砂の浜「沙島浜」、灯台、最南端の岬、奇岩の磯で知られる「佳楽水」、地面に自然噴出する天然ガスが燃える「出火」など観光地を回る。どこへ行っても、虫たちは「悟空」に恐れをなして雲隠れ。虫なき名所巡りの悲しい観光である。

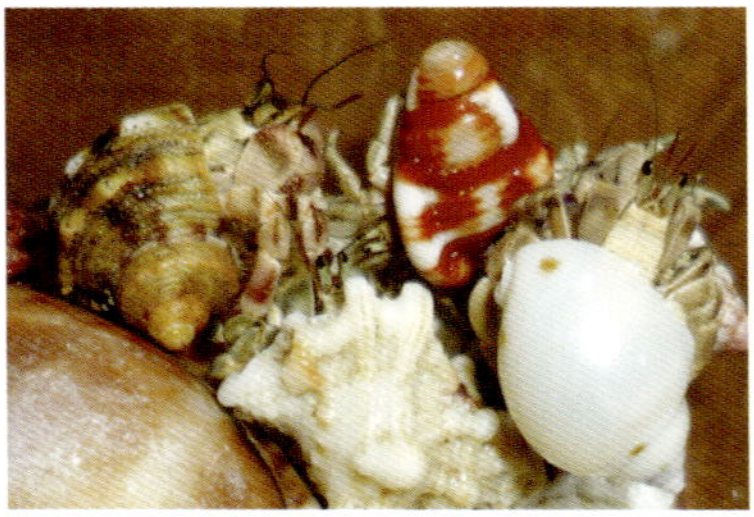
浜にたくさんいるオカヤドカリ。夜行性なので昼間は物陰に隠れていることが多い。

そんな中で唯一なぐさめになったのは、貝殻砂の浜の流木の影で見つけたオカヤドカリ。オカヤドカリに出会ったのは5、6年前のグアム島以来だ。息子が3、4匹捕まえて、本来なら虫を観察するためのプラケースに。あまりにもかわいかったので、翌日に浜に放すまで、一晩ホテルの部屋に同居することになった。

その日の夜も窓に打ちつける雨音は絶えない。「神様、一体私がどんな悪事を働いたというのでしょう」。祈りの声は天に届かず、部屋の片隅では、カサコソとオカヤドカリの足音が響くだけ。少しは心がなごむかと、プラケースをのぞくと、「シュシュシュ」とあざけるような鳴き声を上げる。

そして墾丁4日目。明日は高雄への移動日なので、これが事実上最後の1日だ。大嵐が続く中、ホテルの朝食に向かう足取りは重い。黙りこくった遅い朝食。食欲は進まない。しかし、黒雲に覆われた空の南の水平線上に一筋の光が。それが徐々に広がってくるではないか。これぞ、台風にも打ち勝つ昆虫記者の神通力。

妻 ツマベニチョウの高等戦術

朝食後、タクシーを手配する妻。魚市場や恒春の古城を巡る観光計画が着々と進行していく。タクシーに乗り込んだ時は大雨。しかし、森林遊楽区の門にさしかかる頃には、雨はピタリと降りやんだ。これが最後のチャンス。制止する妻の手を振り払って、タクシーを降り、一人で公園へ向かう。そこへ掛かってきた妻からの電話。「3時に切符売り場に迎えに行くから、それまでは勝手にして。プツッ」。

3時まではまだ4時間以上ある。不機嫌な妻の声が、この上なく心地よい天使のささやきに聞こえた。天気は見る見るうちに回復。真夏のような日差しが照りつける。

台湾南部の海辺となれば、目指す被写体はやはりオオゴマダラだろう。沖縄以南の海辺に多く、日本でも見られる蝶としては最大の勇姿を誇る。前々日もちらっと見かけたし、車の窓から、街中を飛んでいる姿も見たから、かなりの数がいるようだ。できれば、黄金に輝くオオゴマダラの蛹《さなぎ》も見つけたい。しかし、その前には次々と障害が立ちはだかる。

まずは、花畑の中を飛び交う、緑色の斑紋を散らしたコモンタイマイたち。日本のアオスジアゲハに近い蝶だろうか、ともかく動きが素早く、落ち着きがない。なかなかいい写真が撮れず、追い回すうちに、時間がどんどん過ぎていく。

少し先に進むと、今度はジンジャー系の赤い花に、白地の羽の先を鮮やかなオレンジに染めたツマベニチョウが2匹。これまた素早い。人の気配に敏感で、近づくとすぐに飛び去り、離れるとまたやって来る。人をいらいらさせる高等戦術を心得た、意地悪な蝶なのだ。

コモンタイマイは食事中も落ち着きがない。

アリの巣で育つキマダラルリツバメ

小さなシジミチョウたちも、よく見るとおしゃれな模様をちりばめており、無視はできない。小さいだけに、近寄ってピタリとカメラの焦点を合わせなければならない。これまた、手間がかかる。

そしてなんと、日本ではめったにお目にかかれないシジミチョウ「キマダラルリツバメ」の姿もあるではないか。幼虫がアリの巣の中で育つという、不思議な蝶で、4本の小さな尾（尾状突起）を持つ。その尾をなんとしても写真に収めようと、ファインダーに目を凝らす。

もちろん、シロチョウもタテハチョウもセセリチョウも、日本では見ない種類ばかりだから、カメラを向けざるを得ない。

そして、蛾がまたすごい。森林遊楽区のビジターセンターで図鑑の表紙を飾っていた、ど派手な蛾。あんなのを見つけるのは無理だと思っていたが、ここにも、あそこにも、まるで蝶のように、花から花へと飛び交っているではないか。

ツマベニチョウ。神経質でなかなか近寄らせてくれない。

カクモンシジミ。♀(左)に求愛する♂。ホテルの周りにたくさんいた。

キマダラルリツバメ。幼虫がアリの巣の中で育つ奇妙な生態の蝶だ。

すっきりした色柄のタイワンシロチョウ。

昼間飛ぶ南国の蛾は、蝶以上に光り輝くものが多い。キオビエダシャクもそんな蛾の一つ。美しさと毒々しさを兼ね備えているところが、蛾ならではの魅力だ。薄暗い林縁からは、赤い胴体と青い後ろ羽を持つ妖艶な蛾、クロツバメが次々と飛び立つ。とまるとただの

吸い込まれそうな青い輝き。マダラガの仲間か。

クロツバメは幼虫も魅力的。

蝶と見間違う美しい蛾、キオビエダシャク。

透明な羽が涼しげ。キハダカノコガに近い仲間か。

妖艶な美しさを持つ蛾、クロツバメ。

ビジターセンターの図鑑の表紙を飾っていた派手な蛾が群れていた。

真っ黒な蛾になるが、飛んでいる姿は小さなアゲハチョウのように見える。これまた興奮を引き起こす。次から次へと現れる超美麗種の蛾に、歩みが止まる。これではいくら時間があっても足りない。

家庭と虫、究極の選択

そんなこんなで、あっという間に時は過ぎていく。大昔は珊瑚礁だったという鍾乳洞をくぐり抜け、2日前にちらっとオオゴマダラを見かけたポイントにようやくたどり着いた時には、もはや午後2時半。巨大なオオゴマダラは、やはりここにやって来た。忙しく飛び回る小さな蝶たちとは全く違う優雅な舞いをしばし眺める。

しかし、ここから待ち合わせの切符売り場まで下るには30分近くかかるだろう。3時に入り口に戻っていなければ、家庭は崩壊する。もう限界である。

この場所には、花がないのにオオゴマダラが低く飛んでいる。しばらく下草の間に隠れたかと思うと、また飛び立つ。もしかすると、産卵場所を探しているのでは。茂みの中には、大きな幼虫や、黄金の蛹の姿があるかもしれない。しかし、それを確認していたら門限には間に合わない。家庭と虫のどちらを選ぶのか、まさに究極の選択だ。

そして、午後3時。昆虫記者はやはり、切符売り場に戻っていたのだった。こうして、オオゴマダラの蛹との出会いは次の機会に持ち越しとなった。

場面は変わって、高雄のアウトレット「義大世界」。充実したフードコートの一角で、マンゴー入りのかき氷を食べる昆虫記者と息子。妻は買い物に忙しい。吹き抜けになったビル中央の空間の下には、スケートリンクが見える。隣の敷地には、絶叫マシンをそろえた遊園地もある。このアウトレットの評価が、台湾再訪の可否を決めるのだが、アウトレット通の妻の採点はかなり厳しい。これでは、二度と台湾に来られない恐れがある。

となると、オオゴマダラの蛹を訪ねる旅の次の目的地は、沖縄県石垣島あたりか。しかし、石垣島には巨大アウトレットはないだろう。何か妻と息子を丸め込むいい「餌」はないものか。「クロカタゾウムシやナナホシキンカメムシがいる」と説明しても、猛反発を食らうだけだろうし…。

ダンダラテントウ。お面のような模様は南方産の特徴。

ベッコウトンボの仲間。

アリに見えるが、羽のないハチ、アリバチの仲間だろう。

ミドリオオハマキモドキ。かなり傷んでいたが、これもきれいな蛾だ。

オオゴマダラ。羽を開くと13センチにもなる見事な大蝶。

病みつきになるベトナム

アオザイ娘の誘惑と蝶の舞い

クックフーン国立公園の風景。

観光客を乗せ香寺に向かう小舟。寺そのものより、船旅が魅力。

アオザイに目がくらむ

ベトナム観光と言えば、中部のフエ、ダナン。おしゃれな店が多い南部の商都ホーチミンも外せない。北部の首都ハノイ周辺ならば、随一の景勝地ハロン湾、焼き物で有名なバッチャン村などがお勧めらしい。

それなのに、ハノイを拠点にしながら、これら名所を無視して何をしようと言うのか。もちろん虫探しである。ハノイから車で3時間ほどのクックフーン国立公園は、知る人ぞ知る蝶の楽園だ。

しかし、旅の主導権を握るのは、観光、ショッピング、グルメにしか関心のない妻。全日程5泊のうち、クックフーンに割り当てられたのは1泊だけである。

「今は雨季。たった1泊のククフーンが豪雨だったらどうしよう」。そうだ、万一に備えて、ハノイでも一通りの虫を押さえておこう。これがプロ意識というものだ。

妻と息子がハノイの高級ホテルのプールでくつろぐ間も、昆虫記者はカメラ片手にお仕事。しかし都会での虫探しは、常夏の国でも厳しい。なかなか姿を見せない虫を探しているうちに、なぜかアオザイ姿でスタイル抜群のベトナム女性に目が行ってしまう。

公園の緑の中で舞うようにゆれる色彩。それは目指す蝶ではなく、上着の両サイドが深く切れ込んだ伝統衣装アオザイ。いかに品行方正な昆虫記者といえども、華やかなアオザイ娘の魅力に打ち勝つだけの精神力を持ち合わせてはいない。

ハノイの街中でアオザイを目にする機会は少ないと聞いていたが、ホアンキエム湖周辺の観光スポットでは、新郎新婦や恋人同士、友人同士で、カメラマンを雇っての撮影が大はやりのようで、カメラの前でポーズをとるアオザイ姿の女性があちこちに。

結果、撮影できた虫は「えっ！これだけ」と息子が絶句するほど、ごくわずか。虫よりもアオザイ娘の撮影を重視した犯行の状況証拠である。意図せずアリバイ作りの片棒を担がされた虫たちは、黄色の帯が鮮やかなカミキリ、巨大テントウなどであった。

黄色の帯が鮮やかなカミキリ。

アオザイ姿の女性たち。

オオテントウ。1センチ超の体長はテントウとしては巨大。

コノハチョウの森の頼りないガイド

これでは、バチが当たるのも当然だ。ベトナム3日目、昼にメーンイベントのクックフーン国立公園に到着すると、まず息子が38度台の熱を出す。予定していた家族3人でのガイドツアーはキャンセルである。

風邪薬を飲んだ息子がゲストハウスのベッドで寝息を立てる頃には、もう午後3時。蝶のベストタイムは過ぎた。それでも諦め切れない昆虫記者は、公園のネイチャーガイドに頼み込んで、バイクの後部座席に乗せてもらい森の中へ。

ガイドの専門はサル。虫の知識はあまりないようだ。もちろん虫のツアーなどはない。バイクで移動しながら、30分ほど森の中を探索するが、この公園の名物とも言える蝶の群れは、どこにも見つからない。

コノハチョウ。羽の裏表で喪服と晴れ着ぐらいの違い。

最悪の状況を覚悟し始めたその時、通り過ぎるバイクに驚いたように、梢から飛び出した青い蝶。もしやコノハチョウでは。「ストップ、ストップ」。ザッツ・マスト・ビー・リーフバタフライ」。コノハチョウの英名はオレンジ・オーク・リーフ（オレンジ色の樫の葉）だが、慌てているから恥ずかしい直訳になる。

バイクを飛び降り、10メートルほど引き返す。やはり、コノハチョウだった。さっき飛び立ったのと同じ位置の木の葉の上で、羽を閉じている。

しかし、このままの状態では、ただの茶色の枯れ葉。内側に隠された南国の輝きを見たい。少し木をゆすってみる。タテハ蝶の仲間には、飛び立ってもまた、同じところに戻ってくる習性がある。

案の定、コノハチョウも少し飛び回った後、同じ枝にとまった。そして、羽を何度か開閉し、青と黄色の斑紋を見せる。東南アジアの自然の中で初めて見るコノハチョウだ。昆虫園で見るのとは、興奮の度合いが全く違う。

巨大ナナフシ、これぞ擬態のお手本

クックフーンでは、ガイドが頼りにならないことは明らか。自力で歩くしかない。そういえば、昨日の香寺（パフュームパゴダ）への日帰り旅行でも、ガイドが「昆虫の足は8本」と、とんでもないことを言っていた。虫に関する知識では、ガイドよりも、日本の小学生の方が上だ。

こんなサイズは序の口。形もサイズもさまざまナナフシがわんさといる。

しかし、ガイド同伴でなければ森の奥には入れないという、非情なルールがこの公園にはあるらしい。仕方なく、ゲストハウスまで引き返し、その後はコテージのある湖とゲストハウスの間の1キロほどの区間を、歩き回ることに。

この狭い範囲でも、いるいる。山ほどいる。とにかく多いのがナナフシの仲間。草むらや茂みをのぞき込めば、必ずと言っていいほど、この竹の小枝のような虫がぶら下がっている。

日本のとよく似た普通サイズのナナフシ、羽があって飛び回る小さなナナフシ、太めでとげの目立つナナフシ、そして30センチ近い超巨大ナナフシ。その奇怪な姿にはウォーキング・スティック（歩く棒）という英語名がぴったりだ。

トゲナナフシの仲間。

熱帯の森には、このナナフシやコノハチョウを筆頭に、身を隠すことに命を懸けた「擬態のお手本」がたくさんいる。葉に擬態していると思われるキリギリスも2種類見つけた。

しかし、こう簡単に見つかるのは、大したやつではない。きっと至る所に、周囲と完全に同化した忍者のような恐るべき虫たちが、山ほど潜んでいるに違いない。

その一方で、灼熱の太陽の下、これでもかというほど光り輝く派手な連中、何の意味があるのか分からない奇妙な造形の連中も多い。カメムシ、ハムシの多くは、美しくなければ虫にあらずといった華美な装いだ。蛾にも、途方もなく派手なのがいて、昼間に飛んでいるから、一瞬蝶かと思ってしまう。

しかし、ここの主役はやはり蝶である。このままでは帰れない。すると、細い水路の向こうに、大きなルリモンアゲハ。慌てて水路を跳び越すと「グキッ」。足首を痛めた上に、ふくらはぎがつってしまった。これも天罰であろうか。足を引きずり、宿に戻るしかなかった。

派手なハムシその1。

ガラス細工のようなカメムシの幼虫。

アクセサリーにしたい宝石のような虫たち。アカギカメムシ（上）と名前不明のキンカメムシの仲間(下)。

派手なハムシその2。

派手なハムシその3。

トラウマ解消に蝶のレストラン

翌日は早起きしてゲストハウスの周囲を一回り。リュウキュウムラサキ、ツマベニチョウ、マダラチョウなどがちらほら。しかし、人をからかうように飛び回るばかりで、なかなかとまってくれない。

朝食後に、湖までまた一歩き。昼すぎには公園を出てハノイに向かわなければならないので、これが最後のチャンスだ。午前9時ごろから、水たまりに数匹、蝶の姿が見え、10時ごろに同じ場所に戻ってくると、かなり数が増えている。

1匹、また1匹と、水飲み場にご来店。種類数もかなりに上り、ようやく「蝶のレストラン」風に。この公園では当たり前のように見られる「蝶の大宴会」には、まだほど遠いものの、かなりの満足度だ。

そこへ息子も妻と一緒にやってきた。ようやく熱が下がって生気を取り戻し、何とかベストの時間帯、撮影チャンスに間に合った。

私は、息子がダウンした一因は壮絶なカルチャーショックだと思っている。ハノイ近郊の観光地でも、トイレはひしゃくでバケツから水をすくって流すところが多く、温水洗浄機付き便座に慣れ親しんだ息子は、トイレを我慢することが多かった。

そして、ハノイの大通りを歩いて渡るのは命懸け。すさまじい数のバイクと車が行き交う中を、縫うようにして横断する。信号はめったになく、横断歩道もほとんど意味がない。さらに、息子は「靴直しの詐欺」にも遭遇した。

ちょっと妻が目を放したすきに、2人組の男が息子の手を引っ張り、無理やり靴を脱がせ、接着剤を塗り付けようとする。「ノー・サンキュー、ノー・サンキュー」と悲痛な叫びを上げる息子。噂に聞いていた詐欺グループの登場だ。

靴の裏に古タイヤのゴムなどを張り付けて、とんでもない修理代を要求するのだという。男たちを怒鳴りつけ、靴をひったくるという妻の大立ち回りで、悪の

蝶のレストラン。

手から救出された息子だったが、トラウマが残ったに違いない。

そんな息子も、クックフーンの森のオゾンでようやく息を吹き返したようだ。病み上がりとは思えない意気込みで、蝶の写真を撮りまくっている。

ハチに見える世界最小のアゲハ

1種類の蝶が、水辺にすさまじい数で集まっているのは、日本でもよく見るが、これだけ多くの種類の蝶が、1カ所に顔をそろえるのは、やはりクックフーンならではである。オナガタイマイ、ミカドアゲハといった美麗種に加え、モンキアゲハ、ツマベニチョウ、シロチョウ。吸水中の蝶は、近寄ってもなぜか逃げようとしない。

朝は日が陰っていたので油断して半袖で出てきたが、蝶の群れを前に座り込んで写真を撮り続けるうちに、腕が日焼けで痛くなる。しかし、そんな痛みも快感に変わるほどの、至福の時間がゆっくりと流れる。

息子が特に気に入ったのは、世界最小のアゲハと言われるスソビキアゲハ。まるでシジミチョウのような極小サイズの上、透明な窓付きの羽を小刻みに震わせ、地面すれすれに飛ぶので、遠目にはハチのように見える。

長過ぎる尾は針のようでもある。息子は最初、小さなトンボと思い、妻はハチと思った。思い起こせば、前日も水辺に小さなハチのような虫が飛んでいた。その、ほとんど気に留めなかった虫が、実はこいつだったのだ。

スソビキアゲハが吸水中、頻繁に、おしっこをはるか後方に飛ばすのも見ていて面白い。水

ドキッとするほど美しいオナガタイマイ。

スソビキアゲハ。

尾状突起がかわいいシジミ蝶。

辺に集まる蝶によく見られるポンピングと呼ばれるこの行動は、ミネラルを効率よく吸収するためとか、体温調節のためとか言われるが、スソビキアゲハの放水は特に勢いがいい。

　水を飲む場所とおしっこをする場所が同じというのは、衛生上どうかとも思うが、ともかく楽しい眺めである。この群れに出会えただけでも、ベトナムまで来たかいがあったというものだ。

次は南ベトナム、もはや病みつき

　ゲストハウスへの帰り道も、両側の草花にルリマダラ、アサギマダラなど、マダラチョウの仲間が一気に増えた。緑の水玉模様の羽で忙しく飛び回るコモンタイマイや尾状突起がかわいいシジミチョウ、南国風プリント模様の名も知らぬセセリチョウも姿を見せる。たった1泊の駆け足旅行にしては大成果だ。無計画、無謀でも、天罰が下っても、何とかなる。クックフーンはやっぱりすごい。

　昆虫記者は再びハノイに戻っても、興奮が冷めず、じっとしていられない。しかし、安全で平和な先進国日本でひ弱に育った息子は「やっぱりホテルが最高だね」と言い放ち、出かける気配などみじんもない。

　全く同感という顔の妻。泡だらけの風呂でくつろいだ後、屋上のプールでラグジュアリームードに浸る息子をホテルに残し、父は再びハノイの街へ。

「外へ飛び出し、自然や文化に接しなければ、海外旅行の意味はない」と格好いいことを言っても、その脳裏にあるのは、文化交流などという高尚なものではない。妻は夫の魂胆を見透かし、皮肉っぽく「ごゆっくり」などと言う。

　国立公園の森で優雅に舞う蝶を追いかけた後は、再び都会でアオザイ娘に見とれる。これ以上の悦楽はない。もはや病みつきである。

「北は制覇したから、来年は南ベトナム。カッティエン国立公園あたりか」と夢は膨らんでいく。日本に帰ってからは、「南はおしゃれな店が多いらしいよ」などと妻に誘いをかけ、「プール付きのすてきなホテルがあるらしいよ」と息子を餌で釣り、巧妙に次のベトナム旅行を画策する毎日である。

ベトナム南部のジャングルで満身創痍

蝶の花吹雪に夢か幻か

最低の動物園で、最高のハレギチョウ

春の訪れが遅かった2012年3月。寒さが苦手の昆虫記者は、ベトナム南部にいた。予算をけちったので、ホーチミンでの宿泊は、プールもラウンジもない小さなホテル。豪華ホテルがお好みの妻と息子にはすこぶる評判が悪い。

けちって浮かせたお金で何を買ったかというと、夜の虫探しのための強力サーチライト。そんなことを妻に知られたら流血の惨事になるので、こっそり旅行かばんに詰めてきた。

「パリやミラノに行きたかったのに、何でまたベトナムなの。あー、どうしてこんな人と結婚したんだろう」。不満たらたらの妻の機嫌を取るため、まず初日は市内の高級ブティック、有名レストランに足を運ばなければならない。ブティックのドレスの柄が蝶に見え、レストランのカニ料理がカブトムシに見える。

「何でも売っている」ことで有名なベンタイン市場では、皮製品をあさる妻と別行動で、昆虫標本を探す。しかし、どの店でも同じパターンの標本ばかり。しかも余計なコウモリが主役の座を占めていたりして、「ゴホンヅノカブトとモモブトハムシは不可欠」といった

ベンタイン市場で売られていた昆虫標本。どの店も同じものばかりなのが残念。

昆虫記者のわがままな要求を満たす逸品はなかった。

妻が仕切った初日の観光日程に、何気なくサイゴン動植物園を紛れ込ませたのは、われながら見事な手際だった。ここは市の中心部では一番緑が豊かな場所。珍獣たちは無視して虫を探す。「動物園は虫の楽園」。これは、虫好きの間では定説だ。

目に付いたのは、木の葉をつなぎ合わせて巣を作るツムギアリや日本のセマダラコガネに似た甲虫。「やっぱり都会には大した虫はいない」と思っていたところへドキッとするほど美しい蝶が飛び出してきた。ハレギチョウだ。

その名の通り、晴れ着のように華やかな装い。ベトナムではどこにでもいる蝶なのだろうが、遠方から虫を見にやってきた変な日本人は大感激である。この日のスケジュールの中で「最低」と妻に酷評された動物園は、これだけで「最高」のランク付けとなった。

ホーチミン中心部にもこんなきれいな蝶が。ハレギチョウの華やかさはさすが南国。

クチ・トンネルで子づくりに励むベニモンアゲハのカップル。

クチの落とし穴と「落とし文」

2日目のメーンは、ホーチミン郊外にあるクチ・トンネルの観光。クチは南ベトナム解放民族戦線（通称ベトコン）の拠点だった所。米軍とのゲリラ戦のため森の中に掘られた狭く複雑なトンネルの総延長は、250キロもあるという。

「息子も今年から中学生。ベトナム戦争ぐらい知っていないと恥ずかしい」という妻への説明は表向き。「熱帯の森に虫がいないわけはない」というのが本音である。

地雷で破壊された戦車の陰から飛び出してきたのは、交尾の真っ最中のベニモンアゲハの仲間。ガイドの説明などどうでもいいという態度で、蝶の写真を撮りまくる不謹慎な日本人に対し、冷たい視線が注がれたのは言うまでもない。

銃の試し撃ちの大音響、針地獄のような落とし穴も気に留めず、虫を探す。そして、妻と息子が、息が詰まる暗いトンネルの中を行進している間に、オトシブミの仲間が葉を巻いて作った「落とし文」を発見し、こっそり持ち帰った。

この中には幼虫や蛹《さなぎ》が入っているはず。思った通り、数日後に葉巻の中から、かわいい模様のオトシブミが羽化して出てきた。

ここまでは、いわば予行演習。本番は続く2日間のカッティエン国立公園だ。「ヒョウやクマが出てくるかもしれない」などと真実を妻に伝えていたら、決してカッティエン行きは実現しなかったであろう。「巨大なムカデやサソリもいるよ」などと正直に言ったら、ぶん殴られていただろう。

ホーチミンから車で3時間ほど。アジア大陸最後のジャワサイが数年前まで生き残っていたという秘境の一角に、今回の宿「フォレスト・フロア・ロッジ」がある。2階の広いテラスからは、ドンナイ川を隔ててジャングルを見渡せる。ココナツジュースでも飲みながら、川面を渡る風に吹かれて、一日中この景色を眺めていたい気分になるが、ジャングルが昆虫記者を呼んでいる。

難行苦行のジャングル・トレッキング

カッティエン1日目はジャングル・トレッキング。森を歩き慣れたレンジャーは、ひ弱な昆虫記者一家への気配りなどまるでなく、足早に先頭を行く。

それでも、性格は悪くないようで「大サービス」だと言って、途中でコースを外れ、予定になかった「コウモリ洞窟」へ案内するという。

ところどころの木にペンキが塗られているのが唯一の目印で、道など全くない。はぐれてしまえば、確実に遭難である。最近発見されたばかりのコウモリ洞窟に客を連れていくのは、2組目だというから、よほど気に入られたのか嫌われたのか。

張り出した太い枝に頭をぶつけ、ツムギアリに手をかまれ、ゴツゴツした岩につまずき、ようやく洞窟にたどり着いたときには、一家全員が満身創痍《そうい》の状態。そこからさらに、狭い洞窟の中を中腰の姿勢で、岩に

葉巻から羽化して出てきたオトシブミの仲間。

不思議な角を持ったトゲグモの仲間。

手を突きながら、はうように前進する。

少し広い空間に出たところで、懐中電灯で奥を照らすと、数え切れないほどの黒い物体が一斉に飛び立った。もっと奥へと誘うレンジャー。「もういい、もういい」と固辞する妻。

頭の上は無数のコウモリ。そして地面を触ると、ふわっとした感触。もしかしてこれはコウモリの糞《ふん》の山？ 天井に張り付いているコウモリは衛生的でいいが、地べたを進むわれわれは、糞の中だ。

どうにか生きて洞窟からはい出ると、待っていたのは「ひどい目に遭った」と私をにらむ妻の視線。そして、あの、あこがれのスパイニースパイダー。見事な角を持ったトゲグモの仲間が、洞窟の入り口に巣を作っていた。

虫好き女性の大御所である鈴木海花さんから、「絶対撮ってきて」と、厳しい注文を受けていたやつである。地獄に仏とはまさにこのことか。しかし、コウモリもクモも嫌いという人にとっては、地獄に悪魔のようなものだろう。

闇にうごめく獣たち

その後、ジャングルの道を往復10キロ。休憩ポイントの「ワニの湖」ではワニは姿を見せず、一体何のための強行軍だったのか。目玉であるテナガザルの群れは、高い樹上を一瞬で通り過ぎ、サイチョウははるか上空を飛び去った。

キジの仲間のサイアミーズ・ファイアバックは、真っ赤な顔が樹海の中にチラリと見えただけ。欲求不満がたまるばかりだ。

その夜、へとへとになった妻と息子はすぐに眠り始めた。しかし、恐れを知らぬ昆虫記者は、サソリでも探そうと森へ繰り出す。ここで強力サーチライトが威力を発揮するはずだったが、ロッジを出て一歩森に踏み込むと、ガサガサと枝を揺らす大きな音。かなり大きな動物がいるらしい。

もしや「ヒョウ?」もしや「クマ?」。本当はネコやイノシシだったかもしれないが、疑心が暗鬼を生じさせ、足が震える。

仕方なくロッジの周辺だけを見て回ることに。ここなら、すぐに部屋に逃げ込めるし、助けも呼べる。ロッジの壁では小さなヤモリが、チチッとかわいい声で鳴きながら、蛾や羽アリを食べている。そこへ突然現れた30センチ級の巨大ヤモリ「トッケイ」。

「爬虫類系の写真も期待してますよ」という、職場のトカゲ大好き女性からの無理な注文を思い出す。昆虫記者は爬虫類系が苦手で、大きいのが近寄ってくると血の気が引くというのを、この異色の女性は知らなかった。

30センチ級の巨大なヤモリ「トッケイ」。鳴き声も大きく、安眠を妨害する。

トッケイは、不気味なだけではなく、ヤモリの英語名ゲッコー(gecko)そのままの鳴き声がうるさい。壁や窓に張り付いて鳴くので、室内に大音響がこだまして、安眠を妨害する。さらに、大ヤモリの近くでは、手のひらサイズの巨大なクモが、バッタをバリバリ食べていた。

薄暗い壁で、クモやヤモリが虫を捕らえる様子を見ていると、大きな肉食動物が草食系の昆虫記者を食べる様子が連想され、ますます夜の森が恐くなった。

アリに擬態するカマキリ

森の静寂。そんなものは、熱帯にはない。一晩中トッケイの「ゲッコ、ゲッコ」に悩まされ睡眠不足の明け方。ようやく熟睡モードに入ったと思ったら、午前5時45分きっかりに、セミの大合唱である。

クマゼミのような「シャー、シャー」という声に、ヒグラシのような「カナカナ、カナカナ」が加わり、天然の目覚まし時計の役割を果たす。そしてこの天然目覚ましは、午前6時にピタリと止まった。

しかし、眠い目をこすりながらでも、涼しい朝の散

アリにそっくりなカマキリ。横から見るとカマの存在がはっきり分かる。

変なポーズのナナフシ。この姿勢に何か意味はあるのか。目立つだけだと思うのだが。

ナガサキアゲハ。尾状突起が付いていて日本産よりかなり派手。ハイビスカスによく似合う。

歩は楽しい。夜の恐怖が雲散霧消した草むらで、面白い擬態の連中を探す。

アリそっくりのカマキリや、棒きれに見えるコカマキリの仲間。アリカマキリを撮っていると、西洋人カップルが不思議そうに近づいてきた。そこで得意の日本人英語である。

「イット・ルックス・ライク・アン・アント」「バット・ノット・アント」「イッツ・マンティス」。西洋人カップルは、謎の東洋人の説明に「オオ」とうめき、アリカマキリにじっと見入っていた。

虫に無関心な西洋人をまた啓蒙してしまったと悦に入っていると、今度は奇妙なポーズのナナフシを発見した。

通りかかったレンジャーに、ここにウォーキング・スティック（直訳は「歩く棒」）がいると指差すと、何と「ウォーキング・スティックって何者だ」という、とんでもない反応。昆虫趣味を世界に広げる厳しさを痛感したのだった。

灯台下暗し、パラダイスは目と鼻の先に

以前訪れた北部のクックフーン国立公園は蝶の楽園として名高いが、ここは大型の野生動物、鳥、爬虫類などの貴重な生息域として有名らしい。なので、蝶の乱舞というのは、期待していなかった。しかし、帰り際の散策で、とんでもない光景に出会った。

ロッジの前の道を、切れ間なく列を成して飛んでい

くシロチョウの仲間。ポツリポツリとアゲハも交じる。この蝶たちは一体どこへ向かっているのか。後を追っていくと、公園の入り口になっている船着き場にたどり着いた。

　その少し奥に公園本部がある。蝶は、レンジャーたちが本部の庭に水まきをするのを知っているのだろう。あちこちの水たまりに蝶の大集団が形成されていた。

地図のような模様でおなじみのイシガケチョウ。

吸水中の蝶（下）が一斉に飛び立つと目の前が真っ白になる。

ツマムラサキマダラのオス。青い輝きは光の当たり方次第。

落ち着いた色合いのタイワンキマダラ。

　正午過ぎ、帰りの渡し船に乗る前に、妻と息子を連れて、もう一度蝶の群れにあいさつに行った。さっきよりさらに数が増えている。恐らく何万という数の蝶が、この広場にいるのだろう。

　猛暑で、頭がボーっとしてくるまで、ずっと蝶の群れを見詰めていた。そこへ、無情にも、帰りの渡し船の出発を告げる声。水たまりに近づくと、蝶が一斉に舞い上がった。満開のソメイヨシノから花吹雪が舞い落ちるのを、逆さまにしたような光景だ。

　天にも昇るような夢心地は、蝶の羽ばたきによるものだったのか、それとも熱射病の症状だったのか。

　カッティエンに来てからずっと機嫌の悪かった妻が、遠くで「すごい、すごい」と拍手をしている様子が見えた。

　だが、それはきっと幻だったのだろう。ホーチミンに戻って、買い物に忙しい妻に「あの蝶、すごかったよね」と問い掛けても、「えっ何か言った？　このバッグめちゃ安。買ってもいい？」と上の空の返事しか返ってこなかった。

ビワハゴロモと天女の羽衣伝説

秘境のジャングルにひそむ珍虫

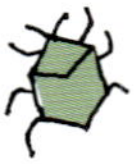

ゾウの鼻と蝶の羽を持つセミ?

2013年6月、富士山が世界文化遺産に。三保の松原も大逆転で、文化遺産の一部に認められる。世界遺産に関連したニュースが洪水のように伝えられる中で、なぜか気になったのが三保の松原の「羽衣の松、伐採へ」という脇ネタだった。

このニュースを聞いて、子どもの頃に読んだ「天女の羽衣」の伝説を思い出した人は少なくないだろう。半《はん》翅《し》目《もく》、ヨコバイ亜科の「ハゴロモ」を思い浮かべた昆虫マニアも数人はいたかもしれない。

しかし、このニュースで、天女の羽衣→世界一きれいなハゴロモ→すなわち熱帯のビワハゴロモ、という方程式が頭に浮かんだのは、恐らく日本広しといえども、昆虫記者ただ一人だったに違いない。ビワハゴロモは、タイではゾウの鼻を持ったセミなどと呼ばれ、その羽は蝶のように美しい珍虫だ。

「よーし、夏休みはビワハゴロモを見にいくぞ」。思い立ったが吉日。さっそくビワハゴロモの写真をネットで検索すると、タイで撮られたものが圧倒的多数。それなら、妻と息子を納得させるタイの観光地はないか？　目に付いたのはプーケット。素晴らしい景観の海岸リゾートだ。近くに原始の森に包まれた国立公園はないか。あったー。カオソック国立公園。なんと、アマゾンに匹敵するほど古くからの原生林があるというではないか。「よっしゃー、ここに決めた」。

涼しげなカオソックの渓流。

しかし、あとでビワハゴロモの写真をチェックして気付く。ほとんどが11〜12月、日本の冬の時期に撮られた写真だ。夏休みは季節外れなのでは。そう言えば8月のタイはもう雨季に入っているはずだ。「8月、タイ」でネット検索すると、ビワハゴロモの写真は一枚もない。「ガガーン！」。しかし、妻と息子はすでに、プーケット、プーケットとルンルン気分になっている。予約もしてしまった。行くしかない。

水辺の誘惑

タイでの日程は、カオソックのジャングルが3泊、プーケットのビーチが3泊。当初計画はジャングル4泊、ビーチ2泊だったが、家族の反対でジャングルが1日減った。タイと言えばビーチ。これが悪しき常識というものだ。

カオソック初日は雨季とは思えない好天。レストランで昼食の最中も、周囲を色鮮やかな蝶やトンボが飛び回る。早くジャングルに行きたい。数十メートル先には、カオソック国立公園の入り口があるのだ。大慌てで胃に流し込んだ料理は何だったのか、ほとんど記憶にない。そして、森に入るや否や、いつも通り無計画に散策路をずんずん突き進む昆虫記者。超平べったい奇妙なカメムシ、頭に大きな丸い玉を乗せたイモムシ、青い宝石のように輝くクモ。見たこともない不思議な生き物たちが次々と登場するが、主役の天女の姿はどこにもない。

　真昼のジャングルの道は死ぬほど暑い。そこへ聞こえてきた渓流の涼しげな水音。散策路の分かれ道には天然プールの文字。ビワハゴロモを求めて灼熱のジャングルを突き進むのか、それとも、悪魔の誘いに乗って水遊びで時間を浪費するのか。妻と息子は何の迷いもなく、プールへと左折した。

平べったいカメムシの幼虫。

カチカチのボールのような頭の奇妙なイモムシ。

青く輝くハエトリグモの仲間。

　ジャングルの木々と岩と清流が作り出した天然のプール。水は冷たく、足を入れただけでも体温が下がり、汗が引いていく。次々とやってくる西洋人は、もともと川遊びが主目的の人々のようで、Tシャツの下は水着。ザブザブと川に入っていく。ホテルで聞いたところでは、カオソックには日本人はほとんど来ない。国立公園への道の両側は、ロッジが立ち並ぶが、出会うのは西洋人ばかり。まるで南欧の保養地に来たかのようだ。

　気持ちよさそうに泳ぎ回る西洋人の様子を見て、とうとう息子もトランクス一枚になって、泳ぎだした。これは長くなりそうだ。

淡水フグの呪い

河原には蝶の姿もちらほら。でもこれを見にきたんじゃない。浅瀬にやってきた奇妙な魚を見つけ「フグそっくりなのがいるよ。目が赤いよ、フグだ、フグだ」と大騒ぎする妻。後先を考えずに衝動で行動するタイプの妻は、近くに寄ってきた淡水フグを素手で捕まえようとする。「ウワー！」。手の中で突然膨れ上がったフグには、とげのようなものがあったようで「痛い！」と放り投げる。フグは毒があるし、爪切りのような歯は強力。危険な生き物だ。「絶対に触らないように」とは、後でホテルのオーナから聞いた話である。

そんなこんなで、ワーワー、キャーキャーやっていると、あっという間に夕方に。帰り道もビワハゴロモを探すが、フグの呪いなのか、その姿はどこにも見つからない。するとそこへ、現地ガイドを連れた西洋人が通りかかった。気乗りしない様子の西洋人に対して、蝶やトンボを次々に指差すガイド。「こいつは虫に詳しい」とすぐに分かった。このガイドなら、ビワハゴロモの居場所も知っているに違いない。

聞いてみると、写真を撮ったという。モニターで見せてもらうと、間違いない、ビワハゴロモだ。雨季の8月でも、確かにここにいるのだ。「今からでも連れて行ってほしい」と懇願したが、この時間ではもう行けないという。水遊びで無駄にした時間がうらめしい。しかたなく、カメラのモニターに写された天女の姿を、手持ちのカメラで撮影。このザラザラの写真が、8月のカオソックにビワハゴロモがいたことを示す唯一の証拠になってしまうのではないか。そんな悲しい予感に、昆虫記者の胸は張り裂けそうになった。

妻の独断で、翌日は湖のツアーと決まっていたので、

湖も西洋人ばかり。

湖では熱帯魚が簡単に釣れる。

カオソックの清流を泳ぐ淡水フグ。

チャオラン湖の黒いアゲハの大集団。

黄色いチョウの集団。

水牛のような角から、バッファロースパイダーとも呼ばれるトゲグモ。

ジャングルで過ごせるのはカオソック最終日となる明後日だけだ。たった1日で、どこにいるか分からない天女を探し出すなど、自力ではとても無理。このガイドにすべてを託して、最終日の予約を入れた。

賄賂の効果はてきめん

翌日はチャオラン湖で1日過ごす。タイの桂林と呼ばれる景勝地だけあって、確かに美しい。水上シャレーで食事の後は、水泳、カヌー遊び。シャレーの下には魚が群れており、子どもでも簡単に大物が釣れる。

浮橋を渡った対岸のトイレ近くには、南国お決まりの蝶の大集団の姿もあった。クロアゲハの集団、黄色い蝶の集団、白い蝶の集団。しかし、ここにもビワハゴロモの姿はない。

そして、運命のカオソック最終日。朝方は雨季の到来を思い知らされる土砂降りだったが、ガイドと待ち合わせの午前9時には、晴れ間もちらほら見え始めた。足手まといの妻はホテルに残し、「絶対に文句は言いません」と約束した息子だけを連れていく。今日天女に会えなければ、何のためのタイ旅行なのか。切羽詰まった昆虫記者は、禁じ手の賄賂を使うことに。「ビワハゴロモを1匹見つけたら、ボーナス100バーツ（300円）」。ガイドの目の色が変わった。

ボーナスに発奮したガイドは、人間業とは思えない能力を発揮。穴の中に潜むサソリやタランチュラを誘い出し、空飛ぶトカゲまで捕まえてくれた。このトカゲを上空に放り投げると、腹の皮を羽のように広げて滑空し、木の幹に張り付く。さらに、飛んできたカブトムシをたたき落としてくれたり、竹を食べている巨大ゾウムシを見つけてくれたり、長い角を持つバッファロースパイダー（トゲグモ）だらけの茂みを案内してくれたりと、凄腕ガイドは大活躍。

そしてついにその時はやってきた。伝説の天女は、コケの生えた木の幹に静かに張り付いていた。頭の上にゾウの鼻のように突き出た、すさまじく長い角。落ち着いた色柄ながら、気品を感じさせる1匹だ。奇声を上げ、興奮して写真を撮りまくる昆虫記者。その様子を見て、さらに張り切ったガイドは、すぐに放すことを条件に、いとも簡単にビワハゴロモを捕まえてくれた。ビワハゴロモの本当の見所は、飛んだ瞬間にちらりと見える下羽にあるのだ。休憩所で羽を広げてパチリ。上羽とはまた違った、気品あふれる着物柄の下羽は、まさに天女の羽衣。間近でこんな神業の造形を目にすると、天にも昇る気分になる。

エキゾチックな南の天女

そして2種類目。こちらは南国風の派手な衣装。南の天女はエキゾチックだ。長い鼻は真っ赤。テングビワハゴロモと呼ばれる仲間だろうか。上羽を広げると、その下にはさらにど派手な青い腰布が。どうしてこん

和風の装いのビワハゴロモ。樹上では苔の色と同化してしまう。

樹上の赤鼻のビワハゴロモ。

樹上の地味なビワハゴロモ。

和風のビワハゴロモ開翅。下羽は着物柄。

赤鼻のビワハゴロモ開翅。下羽も南国風の派手な色彩。

地味なビワハゴロモ開翅。真っ赤な下羽はちょっと毒々しい。

な生き物がこの世に存在するのか。やはり天から舞い降りたとしか思えない。

　ガイドに頼らず、自力でも見つけたいと森の木々に目を凝らす昆虫記者。そして、ついに1匹発見。でも最高に地味だ。しかも、長い鼻もない。上羽を広げてみると、真っ赤な下着。とても天女とは言えない、赤ふんどしの粋な兄ちゃんという趣だ。

「ほとんどの旅行者はサルとかサイチョウとか大きな生き物にしか関心を示さない」と嘆くこのガイドは、昆虫記者にとって最高の案内役となった。「ゆっくり歩いて、時々立ち止まってのぞき込まないと、何も見えてこない」とのアドバイスは、まさに虫探しの極意ではないか。

　木の枝に止まって微動だにしない擬態の横綱「コノハチョウ」を簡単に見つけ出す彼の観察眼は恐るべきものだ。経験がなければ絶対に見つからない。しかし、こっちも負けてはいられない。すかさず、擬態の大関「カレハカマキリ」を見つけて対抗する。もしかしたらガイドを発奮させたのは、１００バーツの賄賂ではなく、彼の虫探しの超能力を崇《あが》めたてまつる変な日本人の出現そのものだったのかもしれない。

　満足し切って夢見心地のままホテルに戻った昆虫記者。部屋でくつろいでいた妻は、夫の壮絶な姿に悲鳴を上げた。なんと、ベルトの辺りが血まみれになっているではないか。ジャングルから気付かずに持ち帰った土産は吸血ヒル。ズボンをはい上がり、上着のボタンの間から入り込んだヒルが、お腹に張り付いていたのだ。

　何の収穫もない日にヒルにかまれたら、怒り心頭。八つ裂きにしても、まだ気がすまない。しかし、憧れの天女に出会えるのならば、ヒルの攻撃なんぞ気にもならない。たっぷりと血を吸って丸々と太ったヒルは、実は幸運をもたらすラッキーアイテムだったのでは、とさえ思えてくる。

テントウムシ系の模様のカメノコハムシの仲間。

枯葉に擬態しているカレハカマキリ。背中、首、足まで枯葉風。

虫食らう人も好き好き

タイのビーチで昆虫食とハムシの太ももを堪能

寺の門前で開かれるナイトマーケット。

時代は昆虫食

虫は見るもの、撮るもの、捕まえるものと考えてきた昆虫記者。しかし、人類は進化を続ける。社の幹部いわく、「時代は昆虫食」なのだそうだ。「いつ食べるの。今でしょ」とプレッシャーをかけてくる。昆虫は将来、人類の重要な蛋白源になる。そんな国連食糧農業機関（ＦＡＯ）の報告でにわかに注目されるようになった昆虫食だが、妻の手抜き料理に慣れ親しんできた昆虫記者は、あえて虫を食べようとは考えていなかった。しかし、昆虫趣味を日本中に広める一助になるのであれば、虫を食することもまた、昆虫記者の使命である。タイは虫の聖地。そして昆虫食の本場でもある。カオソックのジャングルで虫見を堪能した後は、ビーチリゾートのプーケットで、食材としての虫を探す。

タイ南部の人々はあまり虫を食べないと聞いていたので期待値は低かったのだが、ナイトマーケット（夜市）をのぞいてみると、運良く（運悪く？）そこに大量の虫の姿があった。

食用昆虫専門の屋台には、地元客が次々とやってくる。油で揚げたバッタ、コオロギ、蛾の蛹《さなぎ》は一袋山盛りで10バーツ（約30円）。飛ぶように売れている。店先のトレーに盛られた黒山は若干不気味だが、スコップでビニール袋に詰められると、スナック菓子の雰囲気になる。

竹串で突き刺した虫を、歩きながら食べる人々。それを眺めていると、昆虫食は当たり前のことと感じられてくるから不思議だ。やはり人間は、「どんなことにも慣れる生き物」なのだ。

酒のつまみにイモムシ

考えてみれば、尾頭付きの魚だって、鳥の手羽先だって、かなり不気味ではないか。イモムシも蛹もバッタも、食材として見慣れてしまえば、どうと言うことはない。雑食性のホモサピエンスが、虫を食材から外すことのほうがどこかおかしいのだ。長野県など内陸県に行けば、イナゴや蜂の子、蛹などが日常食としてスーパーにも並んでいるではないか。ＦＡＯのお墨付きを得て、日本でも昆虫食が復権する日は近いだろう。

こちらで人気の虫は、竹の中にいる蛾の幼虫だ。これは、酒のつまみに最高とのことで、値段も一袋20バーツとやや高め。中華料理でも珍重されるタケツトガの幼虫「竹虫」だと思われる。

とりあえず、バッタと竹虫、蛹を買ってみた。バッタは少し舌触りが悪く、竹虫はあっさりしすぎていたが、予想外に美味だったのは蛹だ。特に息子は、蛹が気に入ってしまい、すべて食べ尽くして「もっとないの」と催促する始末。

何種類かあったコオロギも、買っておけば良かったと、かなり後悔した。柔らかく身の詰まった感じのコオロギは、バッタよりうまいに違いない。

今回ちょっと残念だったのは、以前カンボジアで食

歯ごたえのありそうな食用バッタ。

意外においしい食用蛹。

あっさり系の食用イモムシ。

皿に盛り付けると、ごちそうに見える？

べたことのあるタガメがなかったこと。あの独特の香りが懐かしい。タガメは北部が本場とのことなので、次はバンコクを足場にもっと北へ行こうと心に決めた。「タガメを食べて、そのパワーで虫探しだ」。バンコクならば、息子が見たいと言っていた水上マーケットもある。近くにはアユタヤの遺跡もあるから、家族の説得は楽勝だ。「ふっふっふ、タガメよ、首を洗って待っていろ」。

これぞ昆虫リゾート

昆虫食に満足した昆虫記者一家の宿は、広いプライベートビーチを持つ豪華なホテル。雨期はオフシーズンなので、宿泊費は格安なのだ。しかも、部屋はランクアップされて、ベランダがプールと直結。妻と息子は「ハリウッド・スターになったみたい」と大喜びだが、その容姿、服装はスターとはかけ離れている。

そして、昆虫記者の行動も、スターには似つかわしくないものだ。プールやビーチには目もくれず、見事に手入れされた庭の木々に、虫を探す。

ホテルの庭に咲き乱れるブーゲンビリア、ハイビスカス、プルメリア、サンタンカ。きれいな花には当然、蝶がわんさとやってくる。ベニモンアゲハ、ナガサキアゲハ、リュウキュウムラサキ。

リュウキュウムラサキ。

芸術的な模様のハレギチョウ。

南国情緒あふれるベニモンアゲハ。

蝶以外はあまり期待していなかったのだが、いかに念入りに駆除しても、生命力の強い雑虫の侵入を完全に阻止することはできないようで、ハムシやカメムシもけっこう見応えのあるやつがいる。本来地味なウンカの仲間にも、色鮮やかな逸品が。さらに、嫌われ者のゴキブリさえもスタイリッシュな装いを見せる。

ホテルの裏山にまで足を延ばせば、イナズマチョウや、シジミチョウ。そして、あの繊細な模様のハレギチョウもあちこちに飛び交っているではないか。エメラルドグリーンのビーチリゾートもまた、虫好きにとっては悦楽の昆虫リゾートだったのだ。

足フェチにはたまらない太もも

そして、ついに見つけたのは、あの光り輝く見事な太もも。長年憧れ続けてきたフェモラータオオモモブトハムシが何匹もいるではないか。土産物屋の昆虫標本の常連で、南国ではどこにでもいる普通の虫なのに、なぜこれまで縁がなかったのか。それは、この日の感動の出会いのためだったのだ。プールとビーチの間の草むらという意外な場所で、昆虫記者を待っていたフェモラータ。メタリックな緑の輝きも素晴らしいが、なんといっても、最大の魅力は、はちきれそうな太もも。足フェチではないが、この太ももには、クラッとなる。

しかし、この太ももは、フェモラータの強力な攻撃兵器でもあった。うかつに捕まえると、太い後ろ足をペンチのように使って攻撃してくる。力強い後ろ足にはとげもあって、挟まれるとかなり痛いのだ。

フェモラータは日本にはいないはずの虫だが、実は最近、三重県の一部で大発生しているという。誰かが放したのか、昆虫ショップから逃げ出したのか、理由は不明だが、温暖化が進行すれば、そのうちに、日本各地で当たり前の虫になってしまうかもしれない。

グローバル化で世界中どこでも同じ物、同じ店があふれている現代。種の保存とか、要注意外来生物とかいう問題以前に、せめて自然ぐらいは、それぞれの国で違っていてほしいと思う。外国でしか見られない虫は、そのままにしておいてほしいと思う。

フェモラータの食草は、日本中どこにでも生えているクズ。ずっと、ずっと憧れていたフェモラータが「なーんだまたフェモか。日本中どこもかしこもフェモばかり」、なんてことになったら悲しいと思うのは昆虫記者だけだろうか。

指の上のモモブトハムシ。ハムシとしてはかなり大型。

8の字模様のカメムシ。

凝ったデザインのハムシ。

スタイリッシュなゴキブリ。

これぞ黄金の蛹
（ヒメアカタテハの蛹）

虫食い穴まで枯葉そっくり
（スミナガシの蛹）

集合すると黄色の花に
（チャイロハバチの幼虫）

なんじゃこりゃ!?の虫図鑑⑥

アリは天敵ではなく護衛隊
（ムラサキシジミの幼虫）

鏡付きのヒョウタン
（アサギマダラの蛹）

イモムシのクリスマスのツリー
（ルリタテハの幼虫）

茶碗蒸し容器がずらり
（ナガメの卵）

トトロの森のネコバス
（シロシタホタルガの幼虫）

昆虫記者が教える〝虫撮り〟秘密兵器

虫を探して、野外を歩く。虫と出会い、写真を撮る。そんな時に、きっと役立つ昆虫記者の秘密兵器を紹介。

リュックサイズの「竿＋網」

昆虫記者には秘密兵器がたくさんある。と、言っても、たいしたものではない。普通の人にとっては、ただのがらくたである。

写真に撮れないほど、高い木の上に虫を発見したらどうするか。リュックの中には、魚釣り用の小継の渓流竿。穂先はなく、代わりに子ども用の脱着自在の虫捕り網が付いている。網を外せば、小さなリュックに収まる。大人のくせに、大きな虫捕り網を持ち歩いているのはやはり恥ずかしい。それに、自然の中の虫を撮るのが、本来の目的なので、網を使うのは非常事態の時だけだ。ならば、普段はリュックの中に隠れている方がいい。

昆虫記者がいつも持ち歩いている小継の釣竿と虫捕り網。

虫捕り網兼用の帽子

突然目の前を小さな虫が飛び去るときはどうするか。リュックの中の網を取り出す暇はない。そんな時は、帽子が役に立つ。昆虫記者の野球帽はメッシュ状の安物。つばの部分を持って、振り回すと虫捕り網の役目を果たす。たいていの野球帽は、後ろの部分にサイズ調整用のベルトがあって、そこに半月状の隙間があるが、昆虫記者の帽子は、その部分にミカン袋のメッシュが張ってあって、虫が逃げられないようになっている。

折り畳み傘も時々役に立つ。撮影中にポロリと落ちてしまうことの多い虫をキャッチするセーフティーネットの役割を果たす。

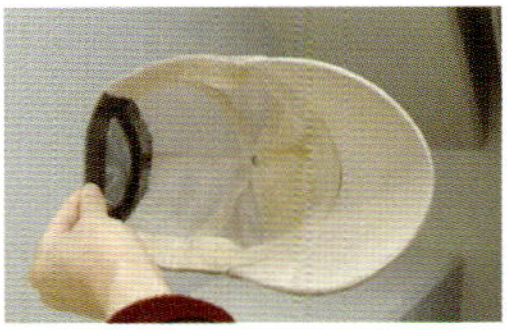

虫撮り網になるメッシュの野球帽。

「水」は忘れず持ち歩く

南国に行く時は、ペットボトルの水と色紙が活躍する。水をまいて、色紙を置いておくと、蝶がやってくる。水辺で仲間が吸水していると誤解するようだ。道に乾いた獣糞を見つけた時も、その上に水をまいておく。美しい蝶は意外に汚いものが好

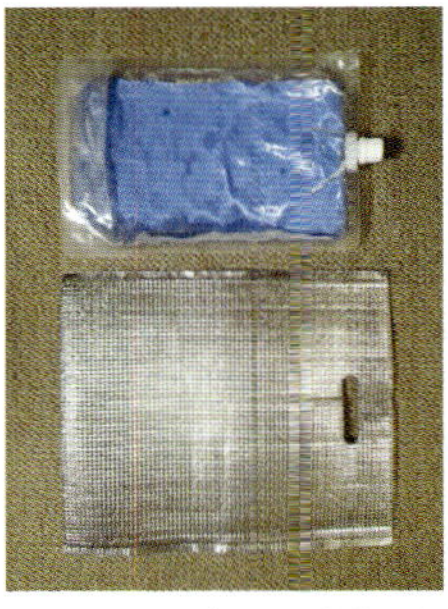

100均ショップで揃えた水筒と保冷袋。

きだ。

森の中には自販機がないので、のどを潤す冷たい水も欲しい。そんな時は、100均ショップでも売っているポリ袋のような水筒が便利。水を入れて冷凍庫に入れると、あっという間に凍る。これを100均の保冷袋に入れて、リュックに収納。平べったくて軽いので、荷物にならず、保冷袋は座布団にもなる。

気配を消して自然の一部になる

しかし、一番の基本は、ゆっくり歩くこと。森の中で少し開けた、いかにも虫がいそうな場所があったら、すぐに休憩する。一匹見つけたら、その周囲を見回す。実は見回せる範囲に、何種類もの虫がいる。急いで通り過ぎると見逃すし、葉っぱの裏に隠れたり、地面に落ちたりする。それが、休憩している間に、葉っぱの上に顔を出し、目の前に飛んできたりする。静かに気配を消すと、虫の方から、姿を見せてくれることが多い。自然の一部に成りすますことが、虫を呼ぶ最高の秘密兵器なのだ。

虫と植物の関係性を学んでおく

さらに、植物の知識も強力な武器になる。植物と虫を一緒に愛でる。こういう欲張りな姿勢が大切だ。エノキにタマムシ、オオムラサキ、ナナフシ。ミカンにアゲハ、クロアゲハは常識。しかし、タブノキにアオスジアゲハ、ホシベニカミキリはそれほど知られていなかったりする。

ニンジン、セリにはキアゲハの幼虫やアカスジカメムシがいる。カブトムシ、クワガタが集まるのは、クヌギやカシの木ばかりではない。柳やタブノキの樹液が意外な穴場だったりする。エゴノキにはエゴ3兄弟と呼ばれる3種のゾウムシの仲間がいる。アワブキという特徴のある木を知っていると、スミナガシ、アオバセセリの芸術的な幼虫に出会える。桑には、クワカミキリ、キボシカミキリ。アセビにはコツバメ。アサギマダラは、公園のフジバカマの花によくやってくる。

イタドリの葉にはイタドリハムシがいる。

ハムシの場合は、ウリ(瓜)ハムシ、フジ(藤)ハムシなど、非常に親切なネーミングのものが多く、名前を聞いただけで、餌にする植物がすぐ分かる。このように、昆虫と植物の関

エゴノキのエゴ3兄弟。左からエゴツルクビオトシブミ、エゴヒゲナガゾウムシ、エゴシギゾウムシ。

等に数え上げたら切りがない。虫のいる環境に種類によってさまざまなので、植物だけではなく、あらゆるアウトドアの趣味とも融合する。虫探しは、貴方の趣味に一味加える秘密兵器になるはずなのである。

虫撮りに便利なデジカメの機能

昆虫記者の虫撮りテクニックは、素人に毛が生えた程度。しかし、素人が新しい物事にのめり込む瞬間は、人生の中で一番楽しい瞬間でもある。最新のカメラを買ったが、何を撮ったらいいか悩んでいる人には「何を撮るか。ではなく、いつ撮るか。今でしょ」と言いたい。

日々進化し高性能になるカメラ。マクロ機能は極小の虫のため、高速シャッターは素早い虫のため、高感度は暗闇の虫のためにあるようなものだ。

デジカメのノウハウについて、難しいことは分からないが、よく使うのは、オートで素早く焦点を合わせた後、手動でピントを微調整する方法。たいていの一眼にある「マニュアルアシスト」などと呼ばれるこの機能をオンにしているのといないのでは、チャンスをものにできる確率に雲泥の差がある。小さな虫には焦点が合いにくい。巣の中央の小さなクモを撮ろうとすると、後ろの風景に焦点が合ってしまう。そんな時に超便利な機能だ。

近くの小さい虫にはスーパーマクロで1センチまで寄れるコンパクトデジタルカメラが便利。頑丈で高性能なオリンパスTG-2。

蝶を撮るのはこれ。昆虫記者愛用の一眼、パナソニックのLUMIX-G 3と望遠ズームレンズ。

100万種以上の虫を撮る楽しみ

もう一つお勧めの手法は、取りあえず、遠くても一枚撮ること。それから、少しずつ近付いて、一枚ずつ撮っていく。ベストショットを狙って近付きすぎて、虫に逃げられ、一枚も写真が撮れないという事態は、これで回避できる。デジカメは何枚撮ってもフイルム代がかからないから、こんなことが可能になった。

そして、被写体の数は尽きることがない。完全変態の虫は卵、幼虫、蛹、成虫と、全く別の生き物になる。幼虫時代だけ見ても、イモムシは何度も姿、色模様を変える。不完全変態のカメムシも、脱皮するたびに模様が変わる。さらに、雄と雌、春型と夏型で、全く違う姿ということもある。つまり、100万種以上の虫には、その何倍もの楽しみがある。人生が何度あっても決して撮り尽くすことはできないのである。

エピローグ

子どもの頃に憧れた職業は「虫博士」。昆虫記者は、夢見た職業にかなり近い。自分では、とてつもなく幸せな人生だと思っているが、妻は理解してくれない。私はお手製の「昆虫記者」の名刺を持ち歩いているが、妻は「絶対に、ご近所に配ったりしないで。恥ずかしいから」と言う。私がついうっかり「虫関係の取材をやってます」などと誰かに話そうものなら、妻は「本業じゃないんですよ。週末だけの単なる趣味。普段の仕事は経済関係なんです」と慌てて言い繕う。虫および虫好きに対する評価は、かくのごとく低い。胸を張って「昆虫記者」を名乗れる日は、いつかやってくるのだろうか。

しかし、虫を侮ってはいけない。人間などよりはるか昔からこの地球上に生息し、人間が滅びたはるか後まで生き残っていくであろう、その環境適応能力、進化のスピードはすさまじい。この地球に暮らしているのは人間だけではない。虫から見たら人間は、地球というかけがえのない共同生活の場を、ほかの生き物のことなど何一つ考えずにぶちこわしていく史上最悪の怪物かもしれない。虫を眺めることは、生命に満ちた奇跡の星の、たくさんの生き物のことに思いをめぐらす第一歩になるはずである。

もちろん、昆虫記者は、そんな面倒なことを日々考えてはいない。虫は面白い。たいていは、それだけしか頭にない。１００万以上の種類に分かれ、大繁栄している虫。

きれいな虫、変な虫、不気味な虫を見つけて興奮し、はしゃぎ回るのが昆虫記者の週末だ。妻や子に正体を「ご近所」に秘密にしているのに、当然のことなのである。

そんな昆虫記者の、支離滅裂な記事を見るに耐える姿に変え、報道機関「時事通信」のネットサイト「時事ドットコム」に潜り込ませてくれたのはデジタルメディア事業本部編成部長（当時）の宮坂一平氏だ。こうしてニュース中心のサイトの片隅で、極めて異質な「昆虫記者のなるほど探訪」の連載が始まった。それをさらに書籍化するという無謀なプロジェクトを快諾してくれた時事通信出版局。なかでも出版のイロハを辛抱強く教えてくれた出版事業部の香田朝子氏には、一生頭が上がらない。

取材でお世話になった方々は、養老孟司氏、奥本大三郎氏、鳩山邦夫氏など学術、文学、政治各界を代表する昆虫の大家から、一般虫ブロガーの人々、虫愛づる姫君を代表する鈴木海花さん、メレ山メレ子さん、川上多岐理さん、新井真由子ちゃんまで、数え上げたら切りがない。その誰もが、昆虫記者の心と目頭を熱くする本当に素敵な熱虫人であり、熱虫症に浮かされた昆虫記者を、まっとうな虫の道へと導いてくれたのである。やはり、虫好きに悪人はいないのだ。

こんな虫バカの父に愛想を尽かすことなく、あまり気乗りのしない虫探しにつき合ってくれている息子と、「家中に殺虫剤をまき散らしてやる」と叫びながら、昆虫飼育ケースの増殖を黙認してくれている妻に、この本を捧げる。

2014年2月

天野　和利

おまけ!!

マレーシアの密林で
出会った美麗種

巨大クワガタの国、マレーシア。日本中のクワガタマニアが憧れるオウゴンオニクワガタ。

許可なく日本に持ち帰ったら直ちにお縄である。優雅なデザインの雌のアカエリトリバネアゲハ。

【著者紹介】

天野和利（あまの・かずとし）

1958年東京生まれ。虫捕り少年、魚釣り少年を経て、1981年時事通信社に入社。一時昆虫を封印する。外国経済部、大阪支社を経て、ロンドン特派員、シンガポール特派員。シンガポール赴任中に、街中の公園を普通に飛ぶ南国の珍蝶を目にして、突如昆虫熱が再発。その後も、外国経済部部長、編集局解説委員を務めるかたわら、密かに昆虫趣味を継続。時事通信のネットサイトに昆虫コラムを紛れ込ませることに成功する。現在、時事ドットコムに「昆虫記者のなるほど探訪」を連載中。地方紙各紙にコラム「みんなの虫部屋」「虫ピカソ」を連載中。
ペンネーム：天野かずと(む)し

昆虫《こんちゅう》記者《きしゃ》のなるほど探訪《たんぼう》

2014年3月5日　初版発行

著　者：天野 和利
発行者：北原 斗紀彦
発行所：株式会社時事通信出版局
発　売：株式会社時事通信社
〒104-8178　東京都中央区銀座5-15-8
電話 03(5565) 2155　http://book.jiji.com
印刷／製本：図書印刷株式会社

ISBN　978-4-7887-1315-4　C0040　Printed in Japan